알수록 빠져드는
숫자의 신비

숫자로 배우는 초보 수학

곤노 노리오 지음
오정화 옮김
김병수 감수

북스힐

시작하며

이 책에서는 다양한 수에 관하여, 특히 그 불가사의한 성질을 다루고 설명합니다. 그 수 중 하나인 **소수**素數의 매력을 여기에서 잠시 소개해보겠습니다.

이미 많은 분이 알고 있듯, 소수는 '**2 이상 자연수 가운데 약수가 1과 자기 자신밖에 없는 수**'입니다. 구체적으로 '2, 3, 5, 7, 11, 13, 17'과 같은 수를 말하지요. '4'는 약수가 1과 4 이외에 2도 있기 때문에 소수가 아닙니다. 이렇게 간단하게 정의되는 소수지만, 그 성질과 구조는 매우 풍부하고 심오해 마치 '마르지 않는 샘'과 같습니다. 그렇다면 이런 소수는 과연 몇 개나 있을까요? 정확한 개수는 알지 못하더라도 유한할까요, 아니면 무한할까요?

사실 소수는 무한히 존재합니다!

이에 대한 증명은 2300년보다 더 오래전인 아득한 고대 그리스 시대, 유클리드가 저술한 《원론》이라는 책에 나와 있습니다. 매우 놀라운 일이지요. 이는 뒤의 3장에서 더 구체적으로 설명하겠습니다.

다음은 두 수의 차가 2인 소수 쌍, **쌍둥이 소수**에 관해 이야기해봅시다. 예를 들어 (3, 5), (5, 7), (11, 13) 등이 있지요. 쌍둥이 소수는 '소수처럼 무한개일 것'이라고 예상하지만, 그 누구도 증명에 성공하지 못했습니다. **쌍둥이 소수 문제는 수학의 미해결 문제 중 하나**입니다.

이와 관련해 2013년, 미국 뉴햄프셔대학교의 장이탕张益唐 교수는 '**서로 이웃하는 소수 간격이 7천만 이하인 소수 조합은 무수히 존재한다**'를 증명했습니다. 이 뉴스는 빠르게 세계로 퍼져나가 일본 스포츠 신문에서도 다룰 정도로 크게 보도되었습니다. 새로운 정리를 발견했을 때 그의 나이가 60세에 가까웠다는 점에서 더 화제성이 컸다고 기억합니다. 현재 '7천만'이라는 간격은 꽤 줄어들었지만, 유감스럽게도 쌍둥이 소수인 간격 '2'까지는 아직 도달하지 못했습니다. 만약 간격 '2'까지 다다르면 쌍둥이 소수 문제는 해결되고, 예상처럼 '쌍둥이 소수는 무한개이다'라는 사실이 밝혀질 것입니다.

여러분 중에는 수학의 유명한 미해결 문제 중 하나인 **리만 가설**을 이미 알고 계신 분도 있으리라 생각합니다. 이 가설은 독일 수학자 리만의 1859년 논문에 근거하는데, 이 논문은 **소수가 어떤 모양으로 분포하는지와 밀접하게 연관**되어 있습니다. 심지어 논문 타이틀도 「주어진 수보다 작은 소수 개수에 관하여」입니다. 앞서 언급한 쌍둥이 소수 문제도 소수의 분포와 관련이 있지요.

그렇다면 간격이 2인 세 개 소수, 즉 **세쌍둥이 소수** 조합은 몇 개일까요? 실은 (3, 5, 7), 단 한 쌍만 존재하는데, 뒤의 본문에서 알기 쉽게 설명했습니다. 이런 $(p, p+2, p+4)$ 형태를 한 세 소수 조합은 단 하나밖에 없지만, 약간 변형한 세 소수 조합 $(p, p+2, p+6)$ 형태의 세쌍둥이 소수를 생각하면 전혀 다른 답을 얻을 수 있습니다. 이런 경우는 (5, 7, 11), (11, 13, 17), (17, 19, 23) 등 많이 존재하며, **개수도 무한**할 것입니다.

소수와 관련된 이런 종류의 이야기는 점점 발전하고 있습니다.

$(p, p+2, p+4, p+6)$ 형태인 네 개 소수 조합, **네쌍둥이 소수**는 존재하지 않는다는 사실을 바로 알 수 있기 때문에, 다른 네 개 소수 조합인 $(p, p+2, p+6, p+8)$ 형태의 네쌍둥이 소수를 떠올리게 됩니다. 이 경우 (5, 7, 11, 13), (11, 13, 17, 19)와 같이 한 쌍 이상 존재하지만, 그 조합이 무한한지는 아직 증명되지 않았습니다. 나아가 두 개 소수 조합 중 $(p, p+2)$ 꼴은 쌍둥이 소수지만, $(p, p+4)$는 **사촌 소수**, $(p, p+6)$은 **섹시 소수** 등으로 불리며 연구됩니다.

이처럼 매우 다양한 소수 조합이 존재하며, 소수와 관련된 문제는 아직도 많이 있는데, 이야기가 너무 길어지니 이쯤에서 마무리하지요.

학교 수학 수업에서는 기본적으로 잘 알려진 결론들만 배우기 때문에 '우주에서 풀지 못하는 문제는 매우 희소하고 특수한 문제만 존재하는 걸까?'라는 인

상을 받을지도 모릅니다. 아니면 '수학은 만능 아닌가?'라는 기분마저 들 수도 있지요. 하지만 '간단히 이해할 수 있고 언뜻 보면 풀릴 것 같은 문제'처럼 보여도 '풀지 못하는 매우 어려운 문제'는 무수히 많이 존재합니다. **수학은 풀지 못한 문제들이 쌓인 '보물' 산**인 셈이지요!

지금까지 설명한 것처럼 다양한 수 중에서 소수 이야기는 아주 사소한 주제로 시작해도 무한하게 확장됩니다. 저의 주요 연구 분야인 **확률론** 연구 과정에서도 수, 특히 **자연수**가 등장합니다. 오히려 **확률은 조합으로도 계산할 수 있는 경우가 적지 않기 때문에** 친화성이 높아 당연하다고 할 수 있습니다. 하지만 예기치 못한 상황에서 의외의 수와 우연히 만났을 때 기쁨은, 연구자로서 무엇과도 바꿀 수 없는 최고의 선물입니다. 과장된 말일지도 모르지만 '**수를 이야기하는 것이 곧 수학을 이야기하는 것**'이라고도 할 수 있는 것이지요. 그리고 이 책은 2001년에 출간한《그림 해설 잡학 - 수의 신비》를 대폭 수정한 책입니다.

마지막으로 과학도서 편집부 이시이 겐이치 씨가 이번에도 책을 위해 세심하고 꼼꼼하게 수고해주셨습니다. 깊은 감사의 말씀 드립니다.

2018년 더운 여름,
요코하마대학교에서 곤노 노리오

차례

3

소수, 신기한 성질과 다양한 가설

4

'약수'로 본 여러 가지 수

5 도형과 수가 손을 잡은 '도형수'

6 놀랍도록 신기한 '마방진'

수의 세계를 조감하다

여러 가지 수

〈예〉 $\sqrt{2}$ 는 무리수인 동시에 실수이자 복소수이다.
다만, 이 책에서 허수는 다루지 않는다.

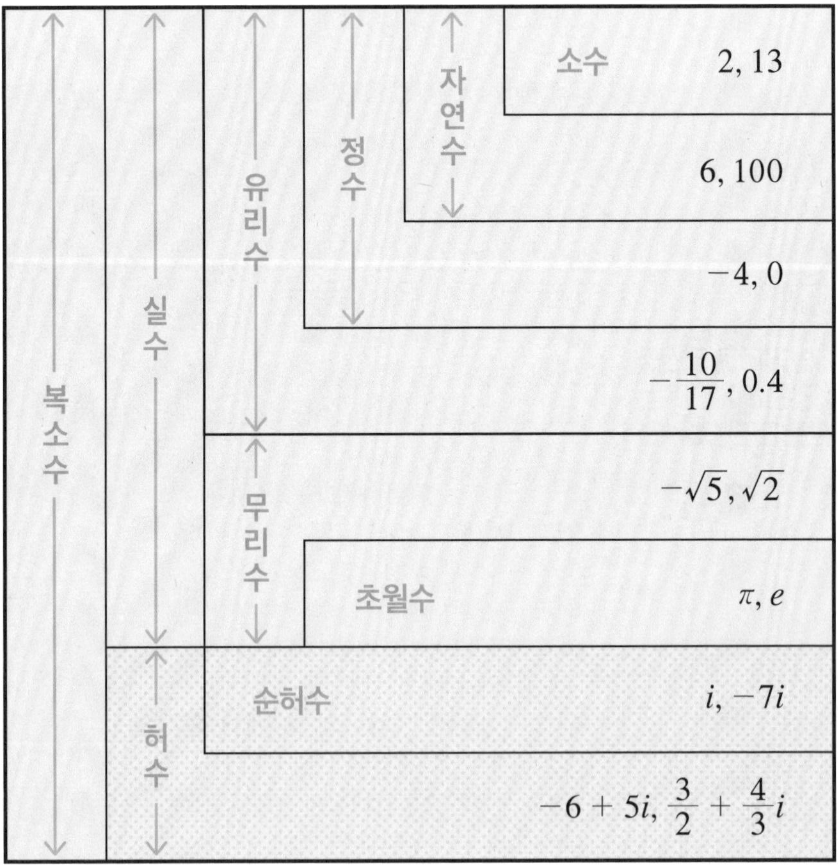

1

수를 분류하다

이 장에서는 수학의 세계뿐만 아니라 일상생활 등 다양한 곳에서 만날 수 있는 수를 다룹니다. 구체적으로 **자연수**, **짝수와 홀수**, **배수와 약수**입니다. 그리고 3장에서 더 자세하게 설명하는 **소수**素數도 살짝 언급합니다. 나아가 **유리수와 무리수**, **소수**小數, **실수**에 관하여 알아봅시다.

1 1

예로부터 인간은 '무언가'를 헤아려 왔다

수의 탄생

이 책은 **수학**이라기보다 **'수' 자체**, 특히 수의 신기한 성질에 초점을 맞추어 깊게 파고들어 갑니다. 1장에서는 수의 기원을 소개하고, 수를 대략적으로 분류해봅니다.

수의 기원은 '헤아리다'라는 행위에 있습니다. 우리 선조들은 사냥감의 수를 헤아리거나 그 수를 동료에게 전달하기 위해 필연적으로 수를 세야만 했습니다. 현대를 살아가는 우리는 상상하기 어렵지만, 현재 사용하는 '1, 2, 3'이라는 구체적인 '숫자'는 당시에 존재하지 않았습니다. 하지만 동물 뼈에 줄을 긋거나 바위에 흠집을 내는 등 **명백하게 수를 표시했다고 추측되는 흔적**이 있습니다.

명확한 수 표기가 처음 등장한 것은 이집트 문명 및 메소포타미아 문명 시기라고 여겨집니다. 여러분도 한 번쯤은 들어봤겠지만, 상형문자 중에는 수를 나타내는 흔적들이 많이 확인됩니다. 또 바빌로니아인은 점토판에 쐐기문자로 **60진법**을 썼다는 기록이 있으며, 그리스에서는 현재의 **10진법**과 유사한 방식을 사용했습니다.

앞에서 설명한 것처럼 1대1 대응으로 뼈에 줄을 긋는 수의 표기 방식은 헤아려야 하는 수가 많아질수록 정신이 아찔해지는 작업이 됩니다. '1, 2, 3, …'과 같은 수의 탄생은 우리 선조들이 일상생활의 편리함을 추구한 결과라고도 할 수 있는 것이지요.

◎ 이집트 문명과 메소포타미아 문명

상형문자 (기원전 3000년경)

1 10 100 1000 10000 100000 1000000

예를 들어 '23'은 '∩∩III'로 표시한다.

◎ 바빌로니아

쐐기문자

 ⟶ 1, 60^1, 60^2, …를 나타낸다.

 ⟶ 10, 10×60^1, 10×60^2, …를 나타낸다.

60진법을 썼다.

◎ 그리스

1	10	100	1000	10000
Ι	Δ	Η	Χ	Μ

숫자 이전의 '수'는 기호 같은 것을 사용했다.
그리스에서는 10진법과 유사한 방식을 택했다.

1-2 자연수 전체를 원소로 하는 집합 $\mathbb{N} = \{1, 2, 3, \cdots\}$

자연수와 집합

자연수는 우리에게 매우 익숙한 수입니다. 숫자를 최초로 사용하기 시작했을 때, 아마 누군가는 '일, 이, 삼, …' 하고 손가락을 접어가며 숫자를 셌을 것입니다. 굳이 적어보자면 1, 2, 3, …이 되겠지요. 여기에서 '…'는 끝없이 계속 이어진다는 것을 뜻합니다.

이쯤에서 어떤 조건을 충족시키는 요소의 모임, 즉 **집합**에 관하여 간단하게 알아봅시다. 집합을 통해 자연수나 여러 가지 수의 성질을 더욱 잘 이해할 수 있을 것입니다. 집합을 이루는 개별 요소를 **'원소'**라고 합니다. 예를 들어 '1, 2, 3, 4, 5를 원소로 하는 집합 A'는, 원소를 나열해 아래처럼 나타냅니다.

$A = \{1, 2, 3, 4, 5\}$

이와 같은 방법으로 자연수 전체를 원소로 하는 집합 $\mathbb{N}$은 이렇게 표시할 수 있습니다.

$\mathbb{N} = \{1, 2, 3, \cdots\}$

자연수는 영어로 **natural number**이기에, 자연수를 나타내는 집합에는 영어의 첫 글자인 $\mathbb{N}$을 사용합니다. 또한 집합 A와 같이 원소 개수가 유한개인 집합을 **유한집합**이라고 하며, 자연수 전체의 집합 $\mathbb{N}$처럼 원소가 무수히 많은 집합을 **무한집합**이라고 합니다. 앞에 설명한 집합 A는 1 이상 5 이하인 자연수 집합이므로,

$A = \{x \mid 1 \leq x \leq 5, x\text{는 자연수}\}$

와 같이 나타낼 수 있습니다.

집합이란?

1, 2, 3, 4, 5는 집합 A의 원소이다.
이때 1, 2, 3, 4, 5는 각각 집합 A에 속한다고 말하며,

「$1, 2, 3, 4, 5 \in A$」

또는

「$A \ni 1, 2, 3, 4, 5$」

로 표시한다.

집합 ℕ과 집합 A의 관계

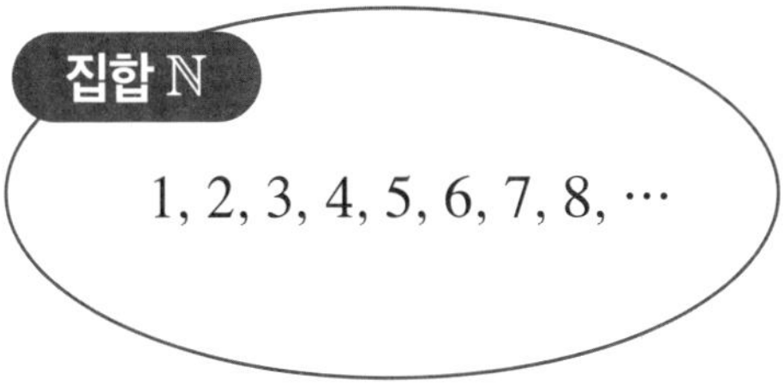

왼쪽과 같은 그림으로 나타낼 수 있으며, 집합 A는 집합 ℕ에 포함되어 있다.

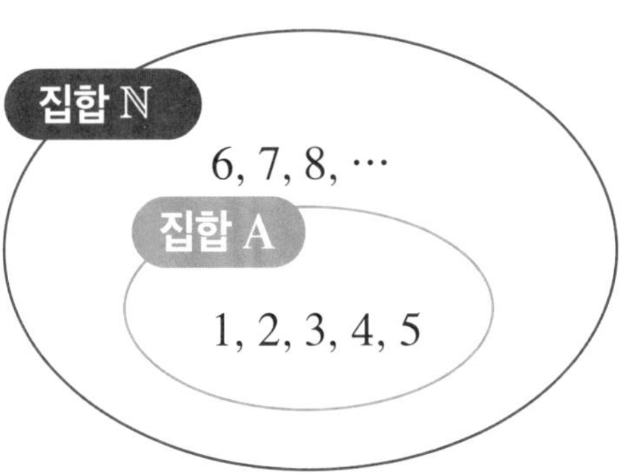

이와 같은 집합 A는
집합 ℕ의 부분집합
이라고 부른다.

1 3

일상에서 자주 사용하는 '마이너스(－)'

음수

이번에는 **음수**에 대하여 알아봅시다. 음수는 일상생활에서 자주 접합니다. 추운 겨울, '오늘의 최저 기온은 영하 10(－10)℃'라는 일기 예보를 들어본 적이 있을 것입니다. 이 '영하 10(－10)'이 바로 음수입니다. 음수를 사용할 때는 0(영)을 기준으로 좌우로 끝없이 길게 이어진 '자'를 떠올려봅시다. 여기에서는 이 자를 **수직선**이라고 부릅니다.

0을 출발점으로 하여 오른쪽을 향해 1, 2, 3, …으로 이어지는 수가 **양수**, 즉 이전 장에서 배운 자연수를 의미하며, 반대로 왼쪽을 향해 －1, －2, －3, …으로 이어지는 수가 **음수**입니다. 이러한 수의 눈금은 0을 기준으로 좌우 대칭으로 나열해 있습니다. 음의 기호, 마이너스(－)에는 '줄이다', '잃어버리다'는 뜻이 있습니다. 예를 들어 '－3'은 어떤 수에서 3만큼 줄이라는 의미지요. 음수에는 굳이 마이너스 기호를 붙이지만, 사실 양수에도 플러스(＋) 기호가 숨어있습니다. 플러스 기호는 마이너스와 반대로 '늘리다', '추가하다'를 뜻합니다.

이런 음수와 앞에서 설명한 자연수, 그리고 0을 포함한 수가 **정수**입니다. 그러므로 자연수는 **양의 정수**, 지금 배운 음수는 **음의 정수**라고 할 수 있지요.

그럼 다음에는 **짝수**와 **홀수**에 대해 알아봅시다.

수직선이란?

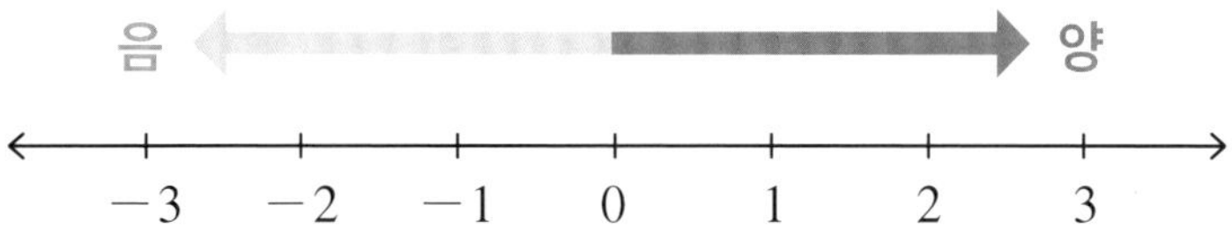

- 오른쪽으로 갈수록 큰 수가 된다.
- 0을 기준으로 왼쪽이 음수이다.

생활 속의 수직선, 온도계

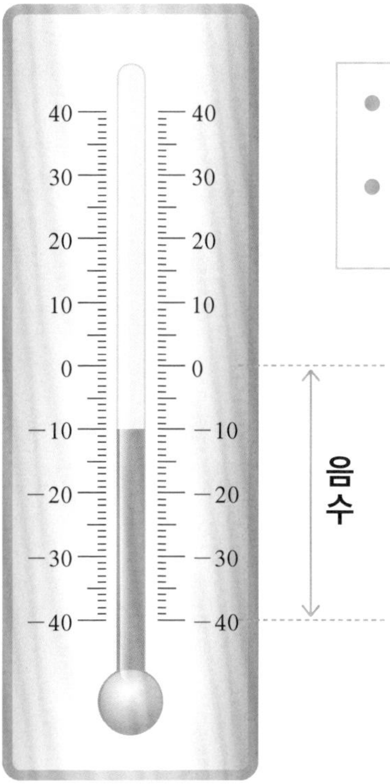

- 위의 그림에서 좌우로 이어진 수직선 눈금을 상하로 회전한 것이다.
- '마이너스(−) 10℃'는 '영하 10℃'라고 부른다.

1-4

일의 자리로 판별할 수 있는 방법

짝수와 홀수

독자 여러분은 아마 **짝수**와 **홀수**라는 단어를 들어본 적이 있을 것입니다. 간단히 설명하면 2로 나눌 수 있는 수가 짝수, 2로 나눌 수 없는 수가 홀수입니다. 1-2에서 배운 집합 기호를 사용하면, 짝수의 집합 A는 이렇습니다.

$A = \{\cdots, -4, -2, 0, 2, 4, \cdots\}$

홀수의 집합 B는 아래와 같습니다.

$B = \{\cdots, -3, -1, 1, 3, \cdots\}$

이를 조금 더 수학적으로 말하면 a를 이전 장에서 배운 정수라고 할 때, 짝수는 '$2a$', 홀수는 '$2a + 1$'로 나타낼 수 있습니다. 예를 들어 숫자 8을 생각해봅시다. 이 경우, $8 = 2 \times 4$로 나타낼 수 있기에 8은 짝수입니다. 여기에서 a는 4가 됩니다. 반면 숫자 15는 $15 = 2 \times 7 + 1$이기 때문에 홀수입니다. 여기에서는 a가 7이 되는 것이지요.

반대로 어떤 수가 주어졌을 때, 그 수가 짝수인지, 홀수인지를 판별하기 위한 방법으로는 어떤 것이 있을까요? 사실 그 수가 아무리 크다고 하더라도 **일의 자리가 짝수인지, 홀수인지만 보면 바로 알 수 있습니다.** 예를 들면 '135,798'은 일의 자리 수가 '8', 짝수이므로 '135,798'도 짝수입니다. 마찬가지로 '224,466,881'은 일의 자리 수가 '1', 홀수이기 때문에 '224,466,881'도 홀수이지요.

축의금 예절과도 관련 있는 짝수와 홀수

2로 나누어지는 짝수 금액은 '부부가 헤어진다'는 말을 연상시키기 때문에 금기시한다.

축의금이 3만 엔인 경우

3장 홀수이므로 문제없다.

축의금이 2만 엔인 경우

2장 짝수이므로 피한다.

3장 1만 엔 지폐 1장, 5천 엔 지폐 2장이면 총 3장이 되기 때문에 괜찮다.

최소공배수와 최대공약수

1 5 배수와 약수

곱셈과 나눗셈 계산을 할 때 꼭 기억해야 하는 것이 바로 **배수**와 **약수**입니다.

자연수 a의 배수란 'a를 몇 배하여 얻을 수 있는 수'를 의미합니다. 여기서 '몇 배'를 정수 n을 사용하여 'n배'라고 하면, 3의 배수는 $3n$으로 나타낼 수 있습니다. 이때, $a = 3$이 되겠지요. 이를 수직선에서 생각해보면 2의 배수는 자연수를 하나의 간격으로 건너뛴 모든 수입니다. 또 3의 배수는 두 개 간격으로, 4의 배수는 세 개 간격으로… 건너뛴 수라고 할 수 있습니다. 즉 a의 배수는 $(a - 1)$개의 자연수를 건너뛴 수인 것입니다.

다음은 약수에 대해 알아봅시다. 두 개의 자연수 a, b에 대해 a가 b의 배수라고 할 때, b를 a의 약수라고 합니다. 예를 들어 21은 $21 = 3 \times 7$로 3의 배수이기 때문에 3을 21의 약수라고 할 수 있습니다.

다음으로 **공배수**와 **공약수**를 설명하겠습니다. 몇 개의 수에 대해 공통으로 들어있는 배수와 약수를 각각 공배수와 공약수라고 합니다. 공배수는 **최솟값에 주목**합니다. 예를 들어 3과 4의 공배수는 12, 24, 36, …이며 최소공배수는 12입니다. 최솟값이 중요한 이유는 최대공배수는 무한대가 되어 정의하기 어렵기 때문입니다. 반대로 공약수는 **최댓값에 주목**합니다. 12와 30의 공약수는 1, 2, 3, 6으로 최대공약수는 6이 됩니다. 최소공약수는 (실은 언제나) 1이 되기 때문에 최댓값이 중요한 것입니다.

최소공배수

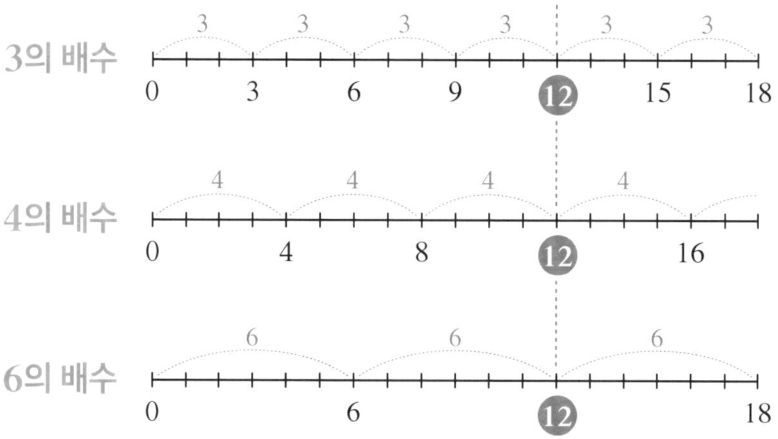

- 위의 세 수의 배수 중 공통으로 포함되는 '12'가 공배수이다.
- 24, 36, …도 공배수이지만 최소공배수는 '12'이다.

최대공약수

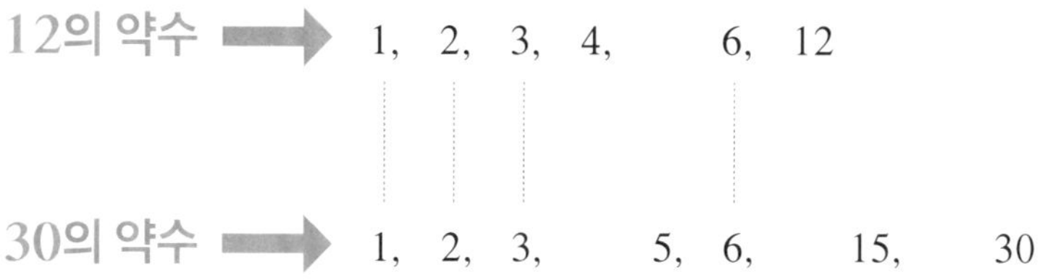

'12'와 '30'의 약수 가운데
두 수에 모두 포함되는 '1, 2, 3, 6'이 **공약수**이며,
이들 중 가장 큰 '6'이 **최대공약수**이다.

1과 자기 자신만을 약수로 가지는 수

1-6 소수 素數

앞 장에서는 약수를 알아보았습니다. 그렇다면 이제 약수를 바탕으로 하는 **소수**素數, prime number에 대해 간략하게 설명합니다. 소수에 관한 더 자세한 내용은 3장에서 다루겠습니다.

예를 들어 '6'이라는 수를 생각해봅시다. '6'의 약수는 1, 2, 3, 6으로 네 개라는 것을 바로 알 수 있습니다. 실제로 6은 이 네 개 수로 전부 나누어떨어집니다. 이번에는 수 '7'을 떠올려봅시다. '7'의 모든 약수는 1, 7, 단 두 개밖에 존재하지 않습니다. 즉 '1'과 자기 자신, '7'뿐입니다.

이렇게 '7'처럼 **약수가 1과 자기 자신밖에 없는 수를 소수**라고 합니다. 나중에도 그 특징을 확인하겠지만 소수라는 독특한 수는 수학의 다양한 분야와 매우 밀접하게 연결됩니다. 소수를 작은 순서대로 나열하면, 2, 3, 5, 7, 11, 13, 17, 19, 23, …과 같이 이어지는데, 보통 '1'은 소수에 포함하지 않습니다.

이 수를 보면서 제일 처음의 '2'를 제외하고 모두 홀수라는 사실을 눈치 챘을 것입니다. 맞는 말입니다. 하지만 모든 홀수가 소수인 것은 아닙니다. 예를 들어 홀수 '9'는 약수로 '1'과 '9'뿐만 아니라 '3'도 있기 때문입니다.

이렇게 **소수의 나열을 자세히 살펴보면 여러 가지 재미있는 사실을 발견할 수 있는데,** 이는 3장에서의 즐거움으로 남겨 두도록 하지요.

6의 약수를 찾아라

$\frac{6}{1}=6$	$\frac{6}{2}=3$	$\frac{6}{3}=2$	$\frac{6}{4}=1.5$	$\frac{6}{5}=1.2$	$\frac{6}{6}=1$
↓	↓	↓	↓	↓	↓
○	○	○	×	×	○

6의 약수는 '1, 2, 3, 6'

7의 약수를 찾아라

$\frac{7}{1}=7$	$\frac{7}{2}=3.5$	$\frac{7}{3}=2.33\cdots$	$\frac{7}{4}=1.75$	$\frac{7}{5}=1.4$	$\frac{7}{6}=1.166\cdots$	$\frac{7}{7}=1$
↓	↓	↓	↓	↓	↓	↓
○	×	×	×	×	×	○

7의 약수는 '1, 7'

↓

약수가 자기 자신과 '1'뿐

||

소수

소수를 작은 수부터 나열하면 2, 3, 5, 7, 11, 13, 17, 19, ⋯

위와 같은 방법을 활용한다면 처음과 마지막 수로만 나누어지는 수가 소수이다.

1 7

모든 정수는 유리수이다

유리수

지금까지 정수에 관한 이야기를 했습니다. 이제 정수를 포함하는 더 넓은 수의 집합에 대해 알아보겠습니다. 이번에 소개할 개념은 **유리수**입니다. 유리수는 수학적으로 '정수 m과 0이 아닌 정수 n을 이용하여 분수 $\frac{m}{n}$ 형태로 나타낼 수 있는 수'로 정의할 수 있습니다. '갑자기 무슨 말씀이신지…'라고 말하는 분들을 위해 몇 가지 예를 들겠습니다.

예를 들어 $m = 3$이고 $n = 5$일 경우,

$$\frac{3}{5}$$

은 유리수입니다. 또 $m = 3$, $n = 6$을 대입한

$$\frac{3}{6}$$

도 유리수이며, 이는 당연히 $\frac{1}{2}$과 값이 같습니다. 그리고 $n = 0$이면 분모가 0이 되지만, m에는 0을 대입할 수 있기 때문에 $m = 0$, $n = 5$일 경우,

$$\frac{0}{5}$$

즉 0도 유리수가 되는 것입니다. 그뿐만 아니라 n에 특별히 1을 대입하면 $\frac{m}{1} = m$이 되므로, **정수는 모두 유리수이다**는 사실을 알 수 있습니다. 따라서 양의 정수인 자연수도 물론 유리수인 거지요. 이런 자연수(양의 정수), 정수, 유리수 포함 관계를 **오른쪽 페이지**에 그려보았습니다. 다음 장에서는 유리수가 아닌 수에 대해 알아봅시다.

◎ 자연수(양의 정수), 정수, 유리수 포함 관계

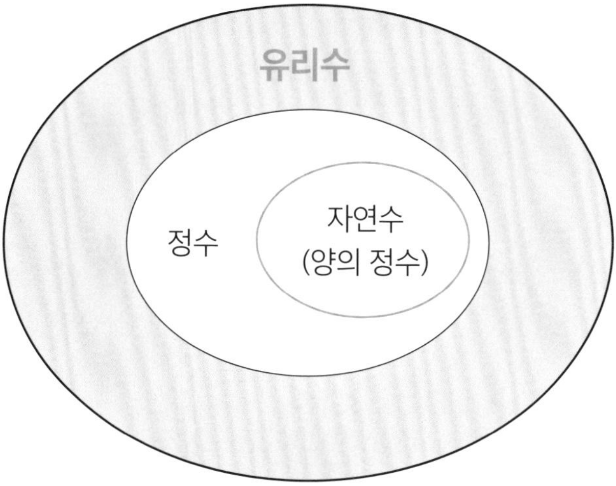

구체적인 수를 예로 들면……

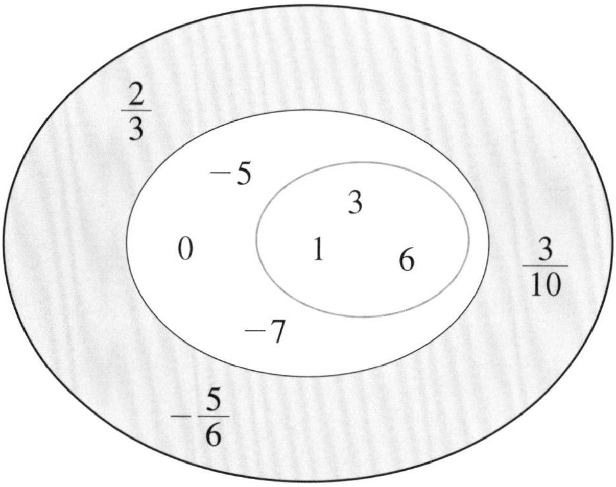

유리수의 정의 m과 n이 정수일 때($n \neq 0$),
$\frac{m}{n}$은 유리수이다.

1 8

분수로 나타낼 수 없는 수의 세계

무리수

그럼 이번 장에서는 유리수가 아닌 수에 관해 알아볼까요? 바로 **무리수**라고 불리는 수입니다. 대표적인 예로 $\sqrt{2}$가 있습니다. 마찬가지로 $\sqrt{3}$이나 $\sqrt{5}$ 등도 무리수지요.

이런 무리수가 낯설 수도 있지만, 우리 가까이에도 무리수는 존재합니다. 예를 들어 한 변의 길이가 1인 정사각형의 대각선 길이는 $\sqrt{2}$입니다. 일상에서 찾아볼 수 있는 또 다른 무리수의 예로 **원주율** π가 있습니다. 원주율은 많은 수학 분야에서 볼 수 있는 중요한 수이기 때문에 7장에서 더 자세하게 다루겠습니다.

지금으로부터 약 2500년 전, 피타고라스는 '만물은 수로 이루어져 있다'라고 말하며 이를 피타고라스학파의 슬로건으로 내세웠습니다. 다만 여기에서 말하는 '수'는 양의 유리수를 의미합니다. 이 수가 유리수로 한정된 이유는 피타고라스학파가 '만물의 조화는 음계音階의 조화에서 볼 수 있듯 자연수의 비율, 즉 양의 유리수에 의해 생겨난다'라고 믿었기 때문입니다.

하지만 여러분은 이미 **오른쪽 페이지**에 나오는 직각삼각형 세 변의 길이와 관련된 **피타고라스 정리**를 알고 계실 겁니다. 아이러니하게도 $\sqrt{2}$의 존재는 **오른쪽** 그림처럼 피타고라스 정리로 발견된 것이지요. 전해지는 이야기에 따르면 '$\sqrt{2}$는 무리수'라는 사실을 발견한 피타고라스학파의 일원은 항해 도중, 학파의 다른 사람들에 의해 바다에 떨어져 익사했다고 합니다. 과거에는 유리수와 무리수라는 개념이 사람 목숨과 바꿀 정도로 고귀하고 중요했던 시기도 있었던 것입니다.

● 피타고라스 정리에서 발견한 무리수 존재

피타고라스 정리 $a^2 + b^2 = c^2$

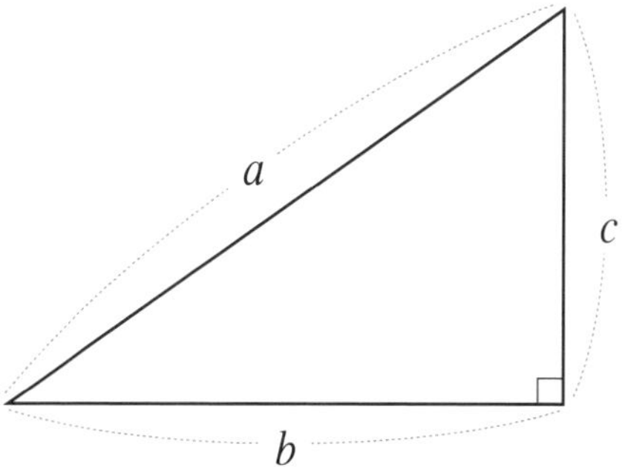

이 공식을 사용하면……

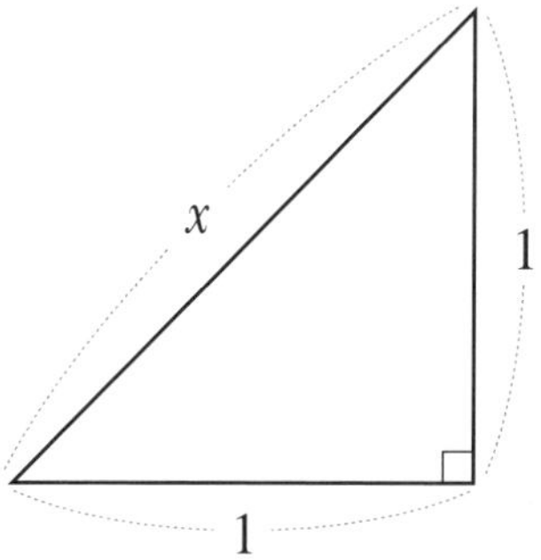

$x^2 = 1^2 + 1^2$ 이므로, $x^2 = 2$

즉, $x = \sqrt{2}$

로 무리수가 등장했다.

19

유한소수와 순환소수

소수 小數

지금까지 배운 유리수와 무리수를 **소수**小數, decimal로 표현해봅시다. 먼저 유리수를 소수로 나타내면

$\frac{3}{4} = 0.75, \frac{1233}{500} = 2.466$

가 되는데, 이것을 숫자가 유한으로 끝나는 **유한소수**라고 합니다. 하지만 유한소수만 있는 것은 아닙니다. 예를 들어,

$\frac{1}{3} = 0.333\cdots, \quad \frac{39}{185} = 0.2108108\cdots$

처럼 소수점 아래 어느 자리 이후로 같은 숫자의 배열이 끝없이 반복되는 **무한소수**인 경우도 있습니다. 이와 같은 무한소수를 **순환소수**라고 하며, 다음과 같이 숫자 위에 **점**을 붙여 나타냅니다.

$0.333\cdots = 0.\dot{3}, 0.2108108\cdots = 0.2\dot{1}0\dot{8}$

즉 유한소수나 순환소수는 $\frac{m}{n}$과 같이 유리수 형태로 표시할 수 있습니다. 이처럼 정수가 아닌 유리수는 유한소수와 순환소수, 두 개 집합으로 나뉩니다.

그렇다면 무리수는 어떻게 소수로 표현할까요?

결론부터 말하면 무리수는 '순환하지 않는 무한소수'입니다. 대표적인 무리수 $\sqrt{2}$를 소수로 표시하면,

$1.41421356\cdots$

가 됩니다. '히토요 히토요니 히토미고로(하룻밤 하룻밤에 사람 구경, $\sqrt{2}$의 숫자배열과 같은 소리를 내는 문장으로, $\sqrt{2}$를 쉽게 외우기 위한 일본인의 언어유희. Column 1 참고—옮긴이)'란 문장으로 기억하는 사람도 많을 것입니다. '순환하지 않는다'란

의미는 '히토요 히토요니 히토미 히토미 히토미…'처럼 '히토미'가 반복되지 않는다는 뜻입니다.

소수의 분류

- **실수** (다음 장 참고)
  - **유리수**
    - **정수**
    - **정수가 아닌 유리수**
      - **유한소수** $\frac{3}{4} = 0.75$
      - **순환소수** $\frac{1}{3} = 0.333\cdots$
  - **무리수** ············ 순환하지 않는 무한소수
    $\sqrt{2} = 1.41421356\cdots$

위와 같이 소수는 유한소수, 순환소수, 순환하지 않는 무한소수 세 가지로 나눌 수 있다.

순환하지 않는 무한소수

$$\sqrt{2} = 1.41421356\cdots$$

$$\sqrt{3} = 1.7320508\cdots$$

$$\sqrt{5} = 2.2360679\cdots$$

$$\sqrt{6} = 2.4494897\cdots$$

이들은 모두 순환하지 않는 무한소수이다.

1 10

유리수와 무리수를 어우르는 수

실수

그렇다면 이번 장에서는 **실수**에 대해 알아봅시다. 실수는 유리수와 무리수를 어우르는 수 전체를 의미합니다. 1-3에서 수직선에 대해 잠깐 언급했는데, 실제로 수직선 위 점 전체가 실수를 의미합니다. 같지 않은 하나하나의 점이 모든 실수에 대응하는 것입니다.

그렇다면 모든 실수 가운데 유리수와 무리수의 비율은 어떻게 될까요? 우리에게 익숙한 $\frac{1}{4}$이나 $\frac{2}{5}$ 등 분수로 나타낼 수 있는 수는 모두 유리수이기 때문에 유리수가 더 많다고 느낄지도 모릅니다. 하지만 현실은 반대로 무리수가 유리수보다 압도적으로 많습니다. 정확하게 설명하기는 어렵지만, 끝없이 펼쳐진 **무리수라는 망망대해 가운데 흩어져있는 외딴섬들이 유리수를 표현하는 이미지**입니다.

이렇게 때론 우리의 직감을 배신하는 수의 신비한 매력에 조금씩 빠져들지 않나요? 유리수와 무리수를 포함하는 실수의 범위는 매우 넓기 때문에 '그렇다면 실수가 아닌 수는 있을까?'라는 의문이 떠오를지도 모릅니다. 이에 대한 대답은 '존재한다'입니다. 바로 **허수**라는 수이지요. 허수는 '제곱하면 -1이 되는 수'를 의미합니다. 즉 $\sqrt{-1} = i$, 다시 말해 $i^2 = -1$인 수입니다.

다만 이 책에서 실수 외의 수는 자세하게 다루지 않습니다.

실수와 무리수, 유리수의 관계

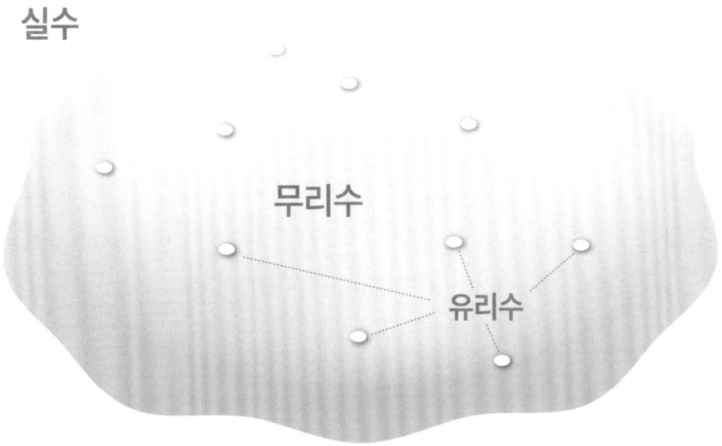

무리수라는 무한의 망망대해에 여기저기 흩어져 있는 것이 바로 유리수이다.

실수와 허수를 이미지로 나타낸 복소평면(가우스 평면)

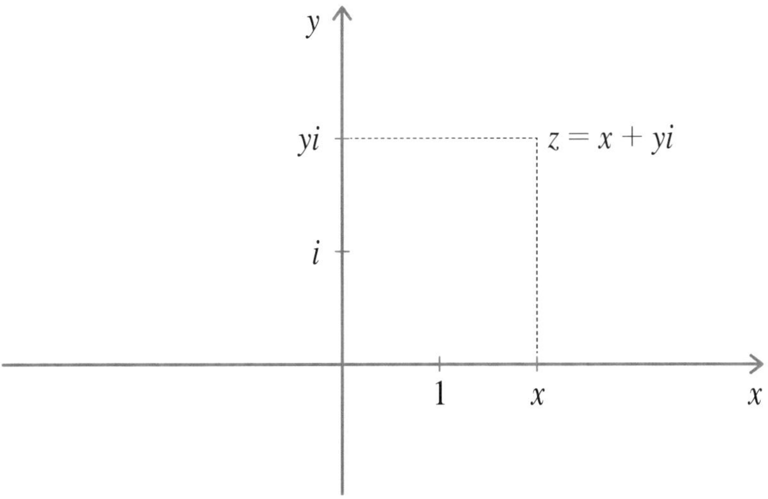

x축은 실수를, y축은 허수를 나타낸다.

Column 1 무리수를 암기하기 위한 언어유희

1장에 등장한 무리수는 순환하지 않는 무한소수입니다. 즉 언제까지나 불규칙적으로 수가 이어지는 소수지요. 이런 무리수의 대표적인 예로 $\sqrt{2}$, $\sqrt{3}$, $\sqrt{5}$ 등이 있습니다. 이런 값들은 소수점 이하의 수를 암기하기 위한 유명한 언어유희가 오래전부터 존재합니다. 이미 알고 계신 분들도 많겠지만, 이번 기회에 몇 가지를 소개해보겠습니다.

$\sqrt{2} = 1.41421356\cdots$ 一夜一夜に人見ごろ

히토(1)요(4) 히토(1)요(4)니(2) 히토(1)미(3)고(5)로(6)
하룻밤 하룻밤에 사람 구경

$\sqrt{3} = 1.7320508\cdots$ 人並みにおごれや

히토(1)나(7)미(3)니(2) 오(0)고(5)레(0)야(8)
남들처럼 한 턱 내게나.

$\sqrt{5} = 2.2360679\cdots$ 富士山麓オウム鳴く

후지(22)산(3)로쿠(6) 오(0)무(6)나(7)쿠(9)
후지산 깊은 산속 앵무새 울어.

2

특별한 존재

'0'

2장에서는 '0'을 다루겠습니다. 우리에게 '0'은 마치 공기와 물처럼 당연한 존재지만 1, 2, 3, …과 같은 자연수에 비해 탄생 시기는 늦습니다. 이처럼 다양한 수 중에서도 어떻게 보면 '특별한 존재'라고 할 수 있는 '0'에 대해 설명합니다.

2-1 자연수보다 늦게 태어난 수

0의 탄생

아무것도 없다는 것을 나타내는 숫자가 '**0(영)**'입니다. 오늘날은 우리에게 매우 익숙한 숫자지만, 0은 자연수와 동일한 시기에 나타난 수가 아닌, 자연수 이후에 탄생했습니다.

시대를 거슬러 올라가 6세기. 기원전부터 발달한 기하학이 유럽 수학 많은 부분을 차지할 무렵, 인도에서는 대수학만이 성행했습니다. 왜냐하면 현재 사용하는 숫자인 아라비아숫자가 만들어지고, 수의 크기를 나타내는 동시에 아무것도 없다는 의미의 기호, 0이 탄생했기 때문이지요. 인도 수학자 공헌으로 0이 탄생하면서 주판으로 계산하던 시대에서 문자나 식을 써서 계산하는 시대가 되었습니다. 이에 따라 이후 대수학은 크게 발전했습니다. 인도에서 0이 탄생하기 전, 세계 각지 수학에서는 0을 찾아볼 수 없었습니다. **수학에 최초로 0을 도입한 것은 인도**입니다.

최초의 0은 '태양'을 나타낸다는 의미에서 '○(원)'으로 표시했습니다. 그리고 '•(점)'과 'ϕ(파이)'를 지나 오늘날의 형태가 되었습니다. 0이 지금과 같은 모양을 한 것은 약 15세기 이후라고 추측합니다. 의외로 최근이라고 생각하는 분도 꽤 있지 않나요? 수학 역사 속에는 수없이 많은 중요한 발견들이 있지만, **0의 탄생만큼 수학 발전에 큰 공헌은 없습니다**.

다음 장에서 0의 특수성과 그 위대함에 대해 구체적으로 알아봅시다.

0의 조상

(원) ○

0을 발견한 인도에서
6세기경부터 20세기 초까지
사용했던 '0'.

↓

(점) •

인도로부터 0이 전해진
아라비아에서 10세기경부터
지금까지 사용하는 '0'.

↓

(파이) ϕ

아라비아로부터 0이 전해진
유럽에서 14세기경까지
사용했던 '0'.

↓

(현재 형태) 0

지금과 같은 모양은
15세기 이후로 나타났다고
전해진다.

2 2

0의 중요한 두 가지 역할

0이 중요한 이유

이미 1장에서 본 것처럼 정수는

…, −3, −2, −1, 0, 1, 2, 3, …

입니다. 그 중심에 묵직하게 자리하는 것이 바로 0입니다. 앞에서 설명했듯이 과거, 세계 각지에서 탄생한 숫자에는 0이 존재하지 않았습니다. 인도에서 0이 발견되었다는 이야기는 오늘날에 와서는 정설이지만, 언제, 또 누구에 의해 발견되었는지 정확하게 알지 못합니다.

이런 0의 '역할'은 아래와 같이 두 가지가 있습니다.

① 수 '크기'로서 0
② 숫자 빈 공간을 나타내는 '기호'로서 0

두 가지 모두 매우 중요한 역할입니다. 이런 0의 역할 덕분에 기본적인 사칙연산 등은 물론, **모든 점에서 편리**해졌습니다. 예를 들어 0이 없는 그리스 숫자는 큰 수를 나타낼 때 많은 기호를 기억해야 했지만, 0이 있는 인도 아라비아숫자는 0부터 9까지 10종류의 기호만으로 해결할 수 있습니다. 또 0은 **수직선에서도 중요한 역할**을 담당합니다. 0을 기준점으로 하는 많은 것들 가운데, 대표적인 예가 수직선입니다. 원점을 뜻하는 영어 'Origin'의 첫 글자를 딴 원점 O를 직선 위에 두고, O보다 오른쪽은 양, 왼쪽은 음을 나타냅니다. 원점 O의 좌표는 0입니다. 0을 사용하면 0.00001같은 어떤 작은 수도, 또 1000000처럼 큰 수도 간단하게 나타낼 수 있습니다. 숫자에 있어 0의 존재 가치는 $\frac{1}{0}$(1 나누기 0), 즉 무한대인 것입니다.

0의 존재 가치

0은 기준점으로 많이 사용된다.

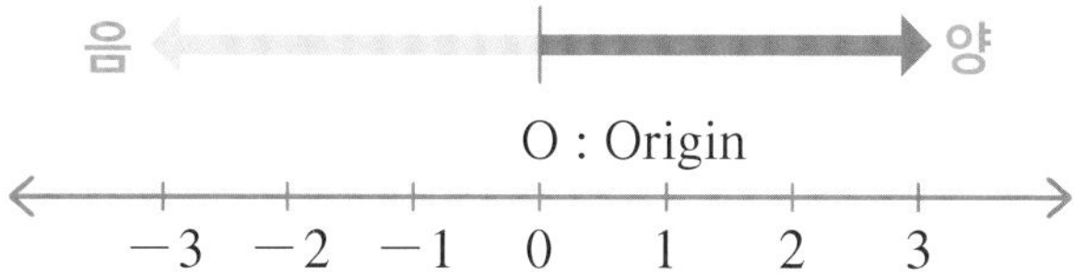

큰 수와 작은 수

1000000000000000000000⋯

0.00000000000000000⋯001

하염없이 큰 수 또는 작은 수도 간단히 나타낼 수 있다.

0의 두 가지 의미

① $3 - 0 = 3, \quad 5 \times 0 = 0$

'0'이라는 크기를 나타낸다.

② 101, 2053

각각 십 자리, 백 자리가
빈자리라는 것을 나타낸다.

2-3 인도에서 세계 곳곳으로
0은 어떻게 널리 퍼졌을까?

2-1에서 0은 **인도**에서 탄생했다고 설명했습니다. 0은 인도에서 세계 곳곳으로 여행을 떠난 것이지요. ❶ 그렇다면 0이 일본에 도착할 때까지 어떤 여정을 겪었는지 알아볼까요?

0은 세계 각지에서 무역이 성행했던 8~9세기경, 인도에서 **아라비아**로 전해졌다고 합니다. ❷ 그 후 0은 아라비아에서 **유럽**으로 떠나는 여행길에 올랐습니다. ❸ 이에 대해 명확한 역사적 자료는 없지만, 스페인 사람들 활약이 매우 컸다고 전해집니다. '스페인 사람이 아라비아에 와서 숫자를 가지고 돌아갔다'라는 이야기도 있고, 십자군 원정 영향을 받았다는 이야기도 있습니다.

일본에 아라비아숫자가 들어온 시기는 막부시대에서 메이지 시대로 넘어갈 무렵으로, 네덜란드인이 전했습니다. ❹ 네덜란드인이 에도시대부터 일본에 드나들었기 때문에 에도시대에 0이 전파되었다고 하고 싶지만, 사실 이 무렵은 막부의 쇄국정책으로 인해 0은 널리 퍼지지 못했습니다. 0의 정식적인 전래는 막부시대에서 메이지 시대 무렵이지만, 일부 난학자(에도 시대 중기 네덜란드어 서적을 통해 서양 학술을 연구하던 학자—옮긴이)들은 분명 0의 존재를 이미 알고 있었을 것입니다. 그들이 0의 존재를 알았다면, 0이라는 편리한 수를 본인들만 알고 있다는 사실에 우월감을 느꼈겠지요.

0의 탄생이 6세기였다는 것을 생각하면 **일본인과 0의 만남은 긴 역사 속에서도 꽤 최근의 일**이라고 느껴지는 것은 저뿐일까요?

다음 장에서는 0의 등장으로 계산이 어떻게 변화했는지 알아보도록 합시다.

0의 '긴 여행'

0이 일본에 도착하기까지

❶ 6세기경, 인도에서 0이 탄생했다.

❷ 8~9세기경, 아라비아에 방문한 인도 학자가 0을 전달했다.

❸ 스페인인 또는 십자군이 0을 유럽에 전했다.

❹ 17세기(에도시대), 네덜란드인이 일본에 0을 전했다.

2 4

사칙연산

0 덕분에 간편해지다

신기한 숫자, 0의 등장으로 **가장 편리해진 것은 사칙연산**이지요. 0을 발견하기 전, 사람들은 분명 계산에 큰 수고와 노력을 들였을 것입니다. 0이 존재하지 않았던 시대 사람들이 안타깝다는 마음이 생길 정도입니다. 0이 들어간 식의 덧셈과 뺄셈을 해봅시다. 쉽게 이해할 수 있도록 필산을 예로 들겠습니다(**오른쪽 페이지** 참고).

①

$$\begin{array}{r} 856 \\ +\ \ 100 \\ \hline 956 \end{array}$$

②

$$\begin{array}{r} 2264 \\ -\ \ 800 \\ \hline 1464 \end{array}$$

식에 0이 등장하면 계산은 매우 쉽고 간단해집니다. ①도 ②도, 십의 자리와 일의 자리 숫자를 각각 아래로 떨어뜨리기만 하면 됩니다. 덧셈과 뺄셈보다 곱셈과 나눗셈 계산이 더 복잡하지만, 0이 포함된 곱셈과 나눗셈 계산은 비교적 편하게 할 수 있습니다.

③

$$\begin{array}{r} 523 \\ \times\ \ \ 40 \\ \hline 20920 \end{array}$$

④

$$\begin{array}{r} 16 \\ 125\overline{)\,2000} \\ 125 \\ \hline 750 \\ 750 \\ \hline 0 \end{array}$$

아무리 큰 수라고 하더라도 0을 곱하면 결과는 무조건 0이 됩니다. **사칙연산에서 0이 지닌 가치**가 느껴지나요?

계산에 편리한 0

필산에 도전

● 한자숫자

	一	万	八	千	五	百			一
+	四	万		千	五	百	三	十	一
	六	万					三	十	一

↑

빈 공간이 있거나
'만', '천' 등 숫자가 커지면
까다롭다.

● 인도 아라비아숫자

	1	8	5	0	1
+	4	1	5	3	0
	6	0	0	3	1

↑

0을 사용하면
숫자가 정리되어
이해하기 쉽다.

곱셈의 필산

● 한자숫자

	五百四十	
×	八百	二
	千	八十
	四十三万二千	
	四十三万三千	八十

● 인도 아라비아숫자

				5	4	0
+				8	0	2
			1	0	8	0
	4	3	2	0		
	4	3	3	0	8	0

0의 탄생으로 필산이 간단해졌다.

2 5

공집합을 나타내는 오늘날의 ϕ

서로 닮은 0과 공집합

0은 처음에 '태양을 표현한다'라고 말할 정도로 신비한 수였습니다. 태양을 표현한 '○'으로 0을 나타내고, '• (점)'과 'ϕ'를 거쳐 오늘날의 세로로 긴 타원형이 된 것은 2-1에서 말했습니다.

흔히 볼 수 없는 기호 ϕ가 등장했는데, 무엇을 의미할까요? 이는 그리스 문자로 **'파이'**라고 읽습니다. 그리스 숫자로 ϕ는 500을 뜻하지만, 이전 장에서 이야기했듯이 13세기 인도 아라비아숫자에서는 ϕ로 0을 표시했습니다.

하지만 오늘날 ϕ는 주로 **'공집합'**을 나타내는 기호로 사용합니다. 공집합이란 **원소가 하나도 존재하지 않는 집합**을 의미합니다. 공집합과 0이 아예 관계가 없는 것은 아니기 때문에 집합에 대해 조금 더 설명하겠습니다. 그림을 활용하면 집합을 더 쉽게 이해할 수 있으니 **오른쪽 페이지**를 참고하기 바랍니다. **오른쪽 페이지**와 같은 그림을 **벤 다이어그램**이라고 합니다. 기호의 의미는 아래와 같습니다.

① $A \subset B$ → A는 B의 부분집합이다.
② $A \cup B$ → A와 B 중 적어도 한 쪽에 속한다.
③ $A \cap B$ → A와 B 양쪽 모두에 속한다.

이때 '$\cup$'를 '$+$ (더하기)'라고 하면 '$A \cup \phi = A$'는 '$a + 0 = a$'가 되고, '$\cap$'를 '$\times$ (곱하기)'로 생각하면 '$A \cap \phi = \phi$'는 '$a \times 0 = 0$'이 되어 확실히 공집합은 0과 닮은 부분이 있다는 사실을 알 수 있습니다. 이러나저러나 원소가 한 개도 '없는' 공집합이 집합으로 '존재'한다는 것은 '없다'를 의미하는 '0'이라는 숫자가 '존재'하는 것과 같은 '이치'라고 할 수 있습니다.

0과 공집합의 관계

벤 다이어그램(오일러 다이어그램)

① A⊂B(A는 B에 포함된다)

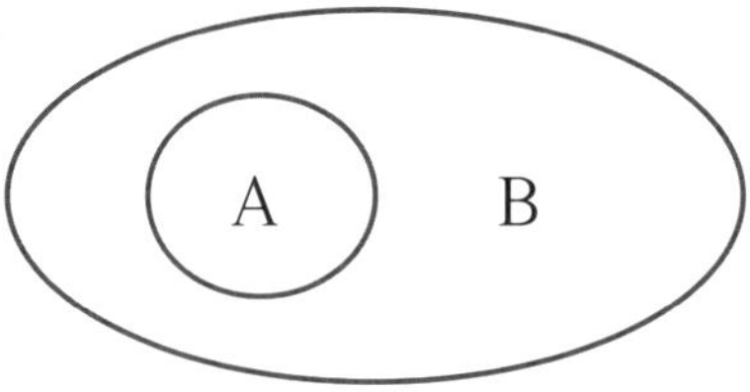

② A∪B(A와 B의 합집합)

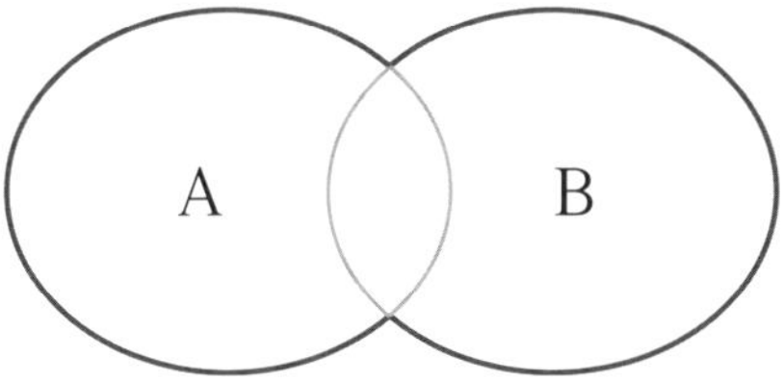

→ 적어도 한 쪽에 포함된다.

③ A∩B(A와 B의 교집합)

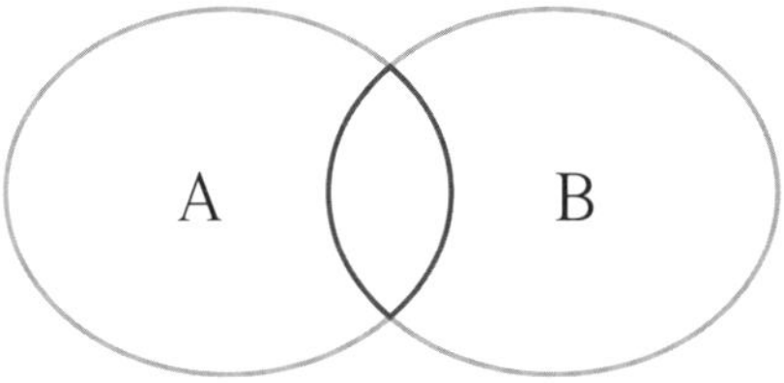

→ 공통부분을 의미한다.

공집합 ϕ는 원소를 가지지 않는 집합

Ⓐ $\cup\ \phi =$ Ⓐ → $a + 0 = a$

Ⓐ $\cap\ \phi = \phi$ → $a \times 0 = 0$

ϕ와 0은 관계가 있다.

2 6

사용하기 편리한 기준점 0

수직선과 평면좌표

지금까지 **수직선**을 몇 번 언급했는데, 이번 장에서는 0과 수직선 관계를 자세하게 알아봅시다.

수직선이란 좌우로 끝없이 이어지는 직선 위에 하나의 점 O를 찍고, 이것을 원점으로 오른쪽에 점 A를 찍어 O와 A 사이 거리를 1이라는 단위로 정한 것을 말합니다. 이때 점 O보다 오른쪽은 양, 왼쪽은 음이 됩니다. 글로는 이해하기 어렵지만, **오른쪽 페이지**를 참고한다면 쉽게 이해할 수 있을 것입니다.

직선 위의 모든 점은 **실수 전체**를 의미합니다. 점 O의 좌표를 0이라고 하며, O(0)으로 표시합니다. 물론 점 A는 A(1)이 되겠지요. 대부분의 수직선은 0을 기준점으로 하기 때문에 0을 빼놓고 이야기할 수 없습니다. 다른 수, 예를 들어 1을 기준점으로 한다면, 기준점에서 2만큼의 거리에 있는 점은 좌우로 각각 3과 −1이 되어, 0을 기준으로 한 2와 −2에 비해 더 이해하기 어렵습니다. 즉 0에서 n 거리에 있는 점이 n과 $-n$이 되어, 다른 숫자를 기준점으로 하는 것보다 더 간단합니다.

또한 두 개 수직선이 원점 O에서 수직으로 만나는 것이 있습니다. 이를 **평면좌표**라고 합니다. 단순한 수직선과 가장 큰 차이점은 **선 이외의 부분에 점을 찍어 좌표로 나타낼 수 있다는 점**입니다. 또한 x축 위에 점을 찍으면 그 점의 y좌표는 반드시 0이 되고, 반대로 y축 위의 점이라면 x좌표는 반드시 0이 됩니다. 이것도 **오른쪽 페이지**를 참고하기 바랍니다. 수학에서는 수직선보다 평면좌표가 더 자주 등장하지만, 수직선이나 평면좌표 모두 **기준점**(평면좌표의 경우(0, 0))**이 0이기 때문에 사용하기 편리**합니다.

수직선이란?

수직선

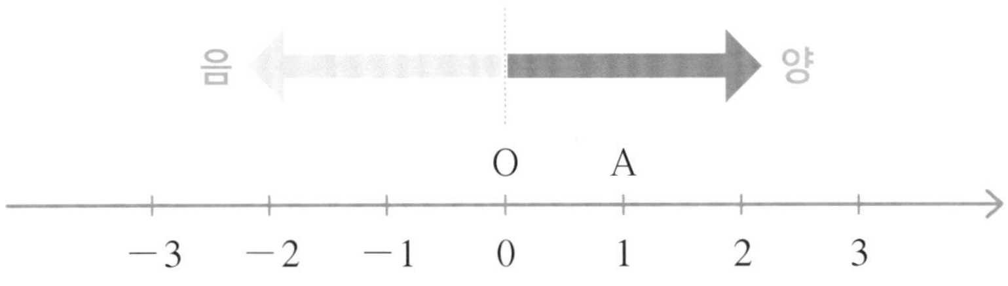

평면좌표란?

평면좌표

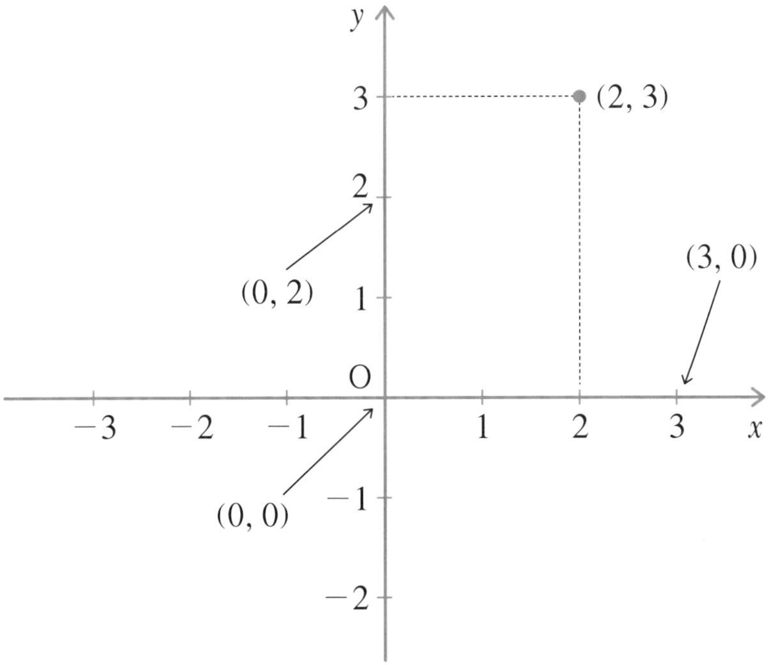

2 7

사용하기 불편한 한자숫자

큰 수도 간단히, 0

0은 큰 수를 표시하기에 매우 편리한 숫자입니다. 한자숫자에는 일, 십, 백, 천, 만, 억, 조, …라는 수의 단위가 있는데, '조' 정도까지는 나라의 예산안 등에 자주 등장하여 의외로 익숙하다고 느낄 수 있습니다. 그러고 보니 잡지에서 어느 성공한 실업가가 '어렸을 적 두부 가게 주인이 꿈이었다'라고 말한 기사를 읽은 적이 있습니다. 이는 '한 모(조), 두 모(조)를 움직이는 사람이 되고 싶다'라는 바람이었겠지요(일본어에서 두부를 세는 단위 모丁와 수의 단위 조兆는 발음이 '초'로 같다—옮긴이).

그렇다면 여러분은 **조 이상 수 단위**를 알고 있나요? 조 이후에는 경, 해, 자, 양, 구, 간, 정, 재, 극, 항하사, 아승기, 나유타, 불가사의, 무량대수가 있습니다. 무량대수는 10의 68제곱으로 정말 문자 그대로를 의미하는 수입니다. 0이 있는 아라비아숫자는 0, 1, 2, 3, 4, …, 9라는 10개의 기호로 모든 정수를 표기할 수 있는 반면, **0이 없는 한자숫자는 자릿수를 늘리기 위해 새로운 기호가 필요**하게 됩니다.

영어로 1,000은 'thousand', 100만은 'million', 10억은 'billion', 1조는 'trillion'이라고 합니다. 또한 10의 33제곱은 'decillion'으로 한자숫자의 10구에 해당합니다. 숫자의 콤마 위치에서 알 수 있듯, 영어에서는 세 자리마다 숫자를 부르는 이름이 달라집니다. 그러나 한자숫자는 네 자릿수마다 부르는 이름이 변하여 '만'은 영어로 'ten thousand'가 됩니다. 이에 다소 위화감을 느끼는 분도 있을 것입니다.

중국에서 탄생한 큰 수

일본에서 사용하는 큰 수의 명칭은
중국에서 전해진 것이다.

일 一	십 十	백 百	천 千	만 萬	억 億	조 兆
10^0	10^1	10^2	10^3	10^4	10^8	10^{12}

경 京	해 垓	자 秭	양 穰	구 溝	간 澗	정 正
10^{16}	10^{20}	10^{24}	10^{28}	10^{32}	10^{36}	10^{40}

재 載	극 極	항하사 恒河沙	아승기 阿僧祇	나유타 那由他
10^{44}	10^{48}	10^{52}	10^{56}	10^{60}

불가사의 不可思議	무량대수 無量大數	?
10^{64}	10^{68}	10^{72}

무량대수는 명칭에서부터
매우 큰 수라는 것을
짐작할 수 있다.

한자숫자로는 무량대수 이후의 큰 수를 표기할 수 없지만,
아라비아숫자라면 가능하다.

2 8

0을 사용할까, 사용하지 않을까?

우리 일상의 0

여러분은 우리 주변에서 **'0을 사용한 예'**를 얼마나 찾을 수 있나요?

예를 들어 **'풍력 0'**이 있습니다. 이는 바람이 전혀 불지 않는 상태를 의미합니다. 참고로 지진에서 **'진도 0'**은 '전혀 흔들리지 않는 상태'가 아닙니다. 우리 몸으로는 느끼지 못하지만, 지진계에서는 감지할 수 있는 정도의 떨림을 가리킵니다. **'강수 확률 0%'**라는 성가시게 만드는 0도 있습니다. 강수 확률은 0%였지만 비가 왔던 경험이 있는 사람은 저뿐만이 아니겠지요. **'0세 아기'**는 태어난 지 1년 미만 유아를 의미하는 말이며, 연말이나 로켓을 발사할 때 **'3, 2, 1, 0!'**이라는 **카운트다운**에서도 0은 빠질 수 없습니다.

반면 0을 사용하지 않는 경우도 많이 있습니다. 운동회에서 '야호! 0등이다!'라며 기뻐하는 아이들을 보지 못했을 것이고, '오늘 회의는 이 빌딩 0층에서 진행합니다'라는 안내도 들어본 적이 없을 테지요. 하지만 빌딩의 0층이 없는 일본이나 미국과 달리 영국에는 0층에 해당하는 **'그라운드 플로어'**가 있습니다. 일본이나 미국의 1층이 영국의 0층에 해당하는 것입니다. **일본 연호**에서 '헤이세이平成 원년'은 '헤이세이 1년'을 뜻하며 '헤이세이 0년'은 존재하지 않습니다. 날짜에서도 한 해의 시작은 '0월 0일'이 아니라 '1월 1일'이지요. 어떤 상황에서 0을 사용하고, 사용하지 않는지 그 기준을 조사한다면 흥미로운 발견이 될지도 모릅니다.

우리 주변의 0

고속도로에 있는 '바람 자루(풍향기)'

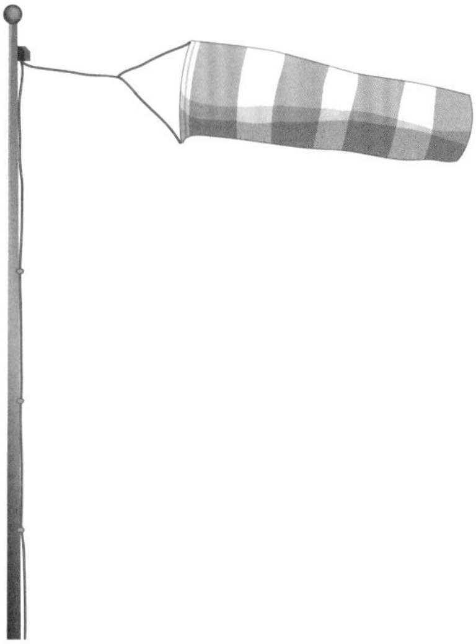

풍력 0

풍속 약 10 m

일기 예보

Column 2 '새로운 세기'의 시작은 약간 불완전하다?

여러분은 새로운 세기가 1901년, 2001년, ……으로 시작하는 것에 의문을 가진 적은 없나요?

신세기의 시작이 1900년, 2000년, ……이면 더 구분하기 쉬울 텐데, 현실은 연도의 맨 뒷자리가 '1'인 해입니다. 그 이유는 기원후가 **'서기 1년'**부터 시작했기 때문입니다. 당시에는 '0'의 개념 자체가 없었기 때문에 **필연적으로 1년으로 시작할 수밖에 없었던 것**입니다. 만약 '서기 0년'으로 시작했다면 2000년에 이미 21세기가 되었을 것이고, 1600년에 일어난 천하를 판가름하는 싸움인 세키가하라 전투도 16세기가 아닌 17세기의 사건이 되었을 것입니다. 세기 구분의 이런 불편함은 인간이 좀처럼 0을 발견하지 못했던 '후유증'이라고도 할 수 있는 것이지요.

3

소수, 신기한 성질과 다양한 가설

3장에서는 소수素數에 대해 알아봅니다. 소수는 '2 이상의 정수 중, 약수가 1과 자기 자신밖에 없는 수'를 의미합니다. 구체적으로 2, 3, 5, 7, 11과 같은 수이지요. 간단하게 정의한 소수지만, 사실 소수는 신기한 성질이나 추측이 다양하게 존재합니다. 여기서 그 일부를 소개합니다. 분명 여러분도 소수의 매력에 사로잡히게 될 것입니다.

3 1

암호화 기술에서 가장 중요한 수

소수

인터넷이 보급되면서 안정성을 확보해야 할 필요성이 증가하고 있습니다. 이때 사용되는 것이 암호화 기술입니다. 안정성이 확보되지 않는다면 인터넷 쇼핑도 마음대로 할 수 없으며, 인터넷 뱅킹이나 인터넷 주식 거래도 도저히 안심하고 이용할 수 없을 것입니다.

이런 암호화 기술에 소수素數가 활약한다는 사실, 알고 있었나요? 그 이유를 지금부터 설명하겠습니다. 소수는 '**1과 자기 자신 이외에 약수를 갖지 않는 2 이상의 정수**'입니다. 세상에 존재하는 모든 물질이 원자로 구성되는 것처럼, 모든 자연수는 나눌 수 있는 가장 작은 소수로 계속해서 나누다 보면, 몇 개의 소수를 곱한 하나의 식으로 나타낼 수 있습니다. 이 작업을 **소인수분해**라고 합니다. 그러나 매우 큰 수의 소인수분해는 그리 간단하지 않습니다.

소인수분해 방법은 한 가지밖에 없기 때문에 이를 '하나의 암호 정보'라고 생각할 수 있습니다. 이해를 돕기 위하여 숫자 '30'을 예로 들어보겠습니다. 30은 '$30 = 2 \times 3 \times 5$'라는 한 가지 방법으로 소인수분해됩니다. 이때 소수 '2'를 'H'로, 소수 '3'을 'I'로, 소수 '5'를 '!'로 각각 대응시키면 30이라는 숫자는 'HI!'가 됩니다. 실제 암호화 기술은 더욱 복잡하고 다양한 구조지만, 이와 같은 방식이 암호화 기술의 기본 중 하나입니다.

그렇다면 소수는 얼마나 존재할까요? 정답은 '**자연수와 동일하게 무한히 존재한다**'입니다. 이는 지금으로부터 아득히 먼 약 2300년 전, 유클리드Euclid, 기원전 330?~275? 《원론》이라는 책에 나와 있습니다. 다음 장에서 그 증명을 소개하겠습니다.

소인수분해

소인수분해란, 수를 소수라는 '원자'로 분해하는 작업이다.

- 30의 분해

2) 30
3) 15
5

$30 = 2 \times 3 \times 5$

30을 구성하는 '원자'

- 48의 분해

2) 48
2) 24
2) 12
2) 6
3

$48 = 2^4 \times 3$

48을 구성하는 '원자'

《원론》은 《원본》, 《기하학원본》이라고도 한다.

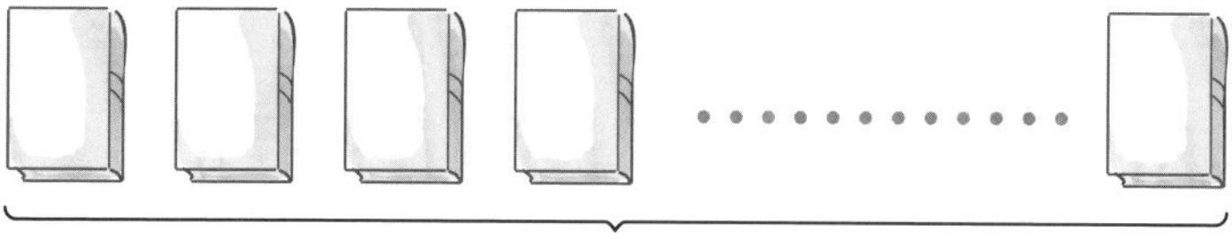

13권의 《원론》

유클리드는 많은 사람들이 그리스 시대까지 이룬 수학적 성과를 집대성하여 하나의 원리적 체계로 《원론》에 정리했다. 《원론》은 기하학뿐만 아니라, 수에 관해서도 다룬다.

3-2

유클리드의 증명

소수는 무한히 존재한다

자연수는 끝없이 이어집니다. 그렇다면 소수素數는 어떨까요? 결론부터 말하면 **'소수도 무한'**합니다. 하지만 '1과 자기 자신 이외에 약수가 없다'라는 한정된 조건을 만족하는 소수가 무한하게 존재한다는 사실은 좀처럼 믿기 어렵지요. 그래서 《원론》에 실려 있는 '소수는 무한하다'의 **증명**을 소개합니다. 참고로 이외에도 소수가 무한하다는 다양한 증명이 있습니다.

이 증명은 **귀류법**을 이용합니다. 즉 먼저 '소수는 유한개 존재한다'고 가정하고, 여기에서 모순을 찾아 가정을 부정하는 방법으로 '소수는 무한하다'는 사실을 증명하는 방법입니다. 귀류법은 '$\sqrt{2}$는 무리수이다'의 증명에도 사용합니다.

먼저 위에서 언급했듯 '소수는 유한개 존재한다'라고 가정합니다. 소수가 유한개라면 최대가 되는 소수가 분명 존재할 것입니다. 그 소수를 P라고 하고, '$Q = 2 \times 3 \times 4 \times \cdots \times P + 1$'이라고 합시다. 만약 Q가 소수라면 Q는 P보다 큰 소수가 되어 P가 가장 큰 소수라는 가정에 모순됩니다. 한편 Q가 소수가 아니라면 적어도 1이나 Q가 아닌 소수로 나누어떨어져야 합니다. 하지만 Q는 2부터 P까지의 어떤 정수로 나누어도 1이 남아, 나누어떨어지지 않기 때문에 이 또한 가정에 모순됩니다. 모순이 발생했기 때문에 '소수는 유한개 존재한다'라는 가정은 부정되고, **'소수는 무한개 존재한다'**라는 결론을 얻을 수 있습니다.

참고로 소수가 아닌 수를 **합성수**라고 합니다(다만, 1은 합성수도, 소수도 아닙니다). 따라서 2 이상의 자연수는 소수나 합성수 중 어딘가에는 속합니다.

가장 큰 소수는 '없다'

소수가 무한하다는 사실을 '귀류법'으로 증명해보자.

〈가정〉 소수는 유한개밖에 없으며, 최대의 소수가 존재한다. 먼저 P를 가장 큰 소수라고 가정하자.

$Q = 2 \times 3 \times 4 \times \cdots \times P + 1$ 인 수가 있다.

Q가 소수라면,

$Q>P$가 되어, P가 '최대' 소수라는 가정에 모순된다.

Q가 소수가 아니라면,

Q는 $1<R<Q$인 소수 R로 나누어떨어질 것이다. 그러나 Q는 2에서 P까지의 어떤 정수로도 나누어떨어지지 않으므로 모순된다.

두 개의 가정 모두 모순이다.

소수는 무한히 존재한다.

3 3 소수의 분포

소수를 나타내는 방법

이제 소수素數는 무한히 존재한다는 사실을 알았습니다. 그렇다면 소수는 **자연수 속에 어떻게 분포**할까요? 이에 대한 증명은 꽤 까다롭지만, 1848년 체비쇼프Chebyshov는 '$x>1$일 때, x와 $2x$의 사이에 반드시 소수가 존재한다'라는 결론을 얻었습니다. 실제로 $x=100$일 때, 100과 200 사이에는 약 20개의 소수가 존재합니다. 체비쇼프의 결과가 다소 엉성하게 느껴질 수 있지만, 이와 같이 일반적인 결과를 도출하는 것은 쉽지 않은 일입니다.

소수의 분포를 조사하기 위해서는 **'어떤 일정한 구간 내에 소수가 얼마나 존재하는가'**를 헤아려 나가는 것이 자연스러운 접근법 중 하나입니다. 실제로 1에서 1000 사이에는 168개의 소수가 존재합니다. 이 수를 구하는 방법은 3-5에서 소개하겠습니다. 또한 100까지, 200까지, …와 같이 100단위로 나누어 소수의 개수를 살펴보면, '1~100 사이에는 25개', '101~200 사이에는 21개', 그 후로 차례대로 16개, 16개, 17개, 14개, 16개, 14개, 15개, 14개가 있습니다.

이야기가 살짝 어려워지지만, 임의의 자연수 x 이하 소수 개수를 $\pi(x)$라고 하면 다음과 같은 사실을 알 수 있습니다. 먼저 3-2에서 소수가 무한개 존재한다는 사실을 알았기 때문에, x가 무한대가 되면 $\pi(x)$도 무한대가 됩니다. 하지만 놀랍게도 아드리앵마리 르장드르Adrien-Marie Legendre, 1752~1833와 카를 프리드리히 가우스Carl Friedrich Gauss, 1777~1855는 **x가 커질수록 $\pi(x)$는 $\frac{x}{\log x}$와 비슷한 값이 된다**고 예상했고, 1896년 두 명의 수학자는 이를 각각 증명했습니다. $\log x$에 대해서는 8장에서 자세하게 다루겠습니다. 이 정리는 소수 가운데에서도 매우 중요한 결과 중 하나이기 때문에, **소수정리**라고 부릅니다.

소수의 분포

값이 작은 소수의 분포

- 일정한 구간에서 소수를 헤아려 보자.

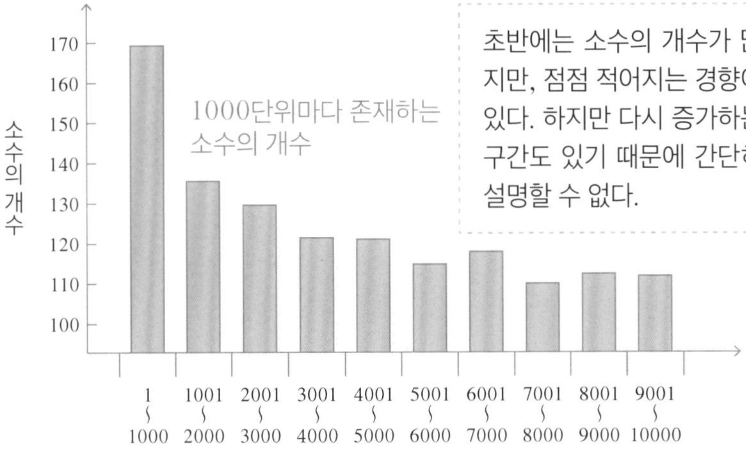

초반에는 소수의 개수가 많지만, 점점 적어지는 경향이 있다. 하지만 다시 증가하는 구간도 있기 때문에 간단히 설명할 수 없다.

값이 큰 소수의 분포

- 소수정리 : x 이하의 소수 개수는 약 $\frac{x}{\log x}$이다.

x	소수의 개수	$\frac{x}{\log x}$	오차(%)
10^2(= 100)	25	22	12.00
10^3	168	145	13.69
104	1229	1086	11.64
10^5	9592	8686	9.45
10^6	78498	72382	7.79
10^7	664579	620421	6.64
10^8	5761455	5428681	5.78
10^9	50847534	48254942	5.10

10^9라는 큰 수에서도 오차는 아직 5% 이상이지만, x 값이 커질수록 오차가 줄어드는 것을 확인할 수 있다.

log에 대해서는 8장을 참고

3-4 쌍둥이 소수

소수 쌍도 무한할까?

3-3에서는 자연수를 일정 구간으로 나누어 소수素數의 분포를 알아보았는데, 이번에는 **하나의 소수 바로 다음에 나오는 소수의 조합**에 주목해봅시다.

소수 중에는 **쌍둥이 소수**라는 소수 '짝', 다시 말해 '조합'이 있습니다. 이는 3과 5, 5와 7 같이 두 수 차가 2인 소수 쌍을 의미하는데, 이 이름에 저절로 고개가 끄덕여지지 않나요? 쌍둥이 소수는 '소수처럼 무한하다'라고 예상하지만, 아무도 이를 증명하지 못했습니다. 예상이 옳다면 아무리 큰 수라고 하더라도, 수직선 위에서 바로 옆에 소수가 나열되는 경우가 있는 것입니다. 큰 소수를 찾기 위해 엄청난 노력이 필요하다는 사실을 생각하면 신기한 기분이 듭니다. 이처럼 **소수 분포의 규칙성을 기술하기는 어려운 것입니다.**

그럼 100 이하에서 쌍둥이 소수의 조합을 찾아봅시다.

(3, 5)	(5, 7)	(11, 13)	(17, 19)
(29, 31)	(41, 43)	(59, 61)	(71, 73)

이처럼 **100 이하에는 쌍둥이 소수가 8쌍이 존재**합니다. 또 현재 알려진 가장 큰 쌍둥이 소수의 자릿수는 388,342항이나 됩니다.

그렇다면 격차가 2인 소수 세 개 쌍, 즉 **세쌍둥이 소수** 조합은 몇 개나 있을까요? 사실 세쌍둥이 소수는 (3, 5, 7) 한 쌍밖에 존재하지 않습니다. 게다가 '9'는 소수도 아니기 때문에 (3, 5, 7, 9)라는 **네쌍둥이 소수**(일반화하여 4 이상 n쌍둥이 소수)는 존재하지 않는다는 사실을 알 수 있습니다(**오른쪽 페이지** 참고).

◎ 세쌍둥이 소수를 찾아라

a: 3개 수 중 가장 처음 수

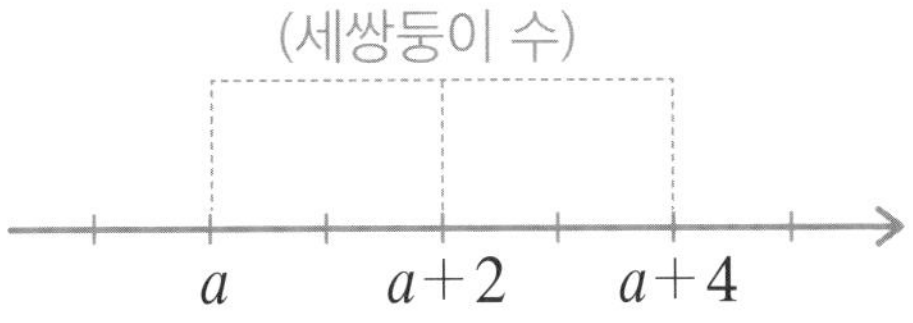

$a = 3k$일 때 (3으로 나누어떨어진다)	$3k$	$3k+2$	$3k+4$
$a = 3k+1$일 때 (3으로 나누면 나머지가 1이 된다)	$3k+1$	$3k+3$	$3k+5$
$a = 3k+2$일 때 (3으로 나누면 나머지가 2가 된다)	$3k+2$	$3k+4$	$3k+6$

세 개의 수 중 하나는 반드시 3의 배수가 된다.

↓

3의 배수 : 3, 6, 9, 12, 15, ⋯

소수(3) **합성수**(6, 9, 12, 15)

3의 배수 중 소수는 '3'뿐이다.

↓

세쌍둥이 소수는 (3, 5, 7) 한 쌍밖에 존재하지 않는다.

3-5

소수를 발견하는 간단한 방법

에라토스테네스의 체

그렇다면 이번에는 **소수를 구하는 구체적인 방법**에 대해 소개하겠습니다.

소수를 구하는 간단한 방법을 발견한 사람은 고대 그리스의 수학자 에라토스테네스Eratosthenes, 기원전 275~194입니다. 그가 고안한 방법을 **에라토스테네스의 체**라고 부릅니다. 지금부터 에라토스테네스의 체에 대해 알아보겠습니다.

먼저 2로 시작하는 자연수를 적습니다. 그 다음 '2'를 남기고 4, 6, 8과 같이 두 개마다 사선을 그어 지웁니다. 이로써 2를 제외한 양의 짝수를 모두 제거했습니다. 지우지 않은 다음 수인 '3'은 소수이므로 남기고, 6, 9, 12와 같이 세 개마다 지워나갑니다. 즉 3 이외의 3의 배수를 전부 제거하는 것입니다. 물론 3의 배수라도 6이나 12등 짝수는 이미 지워졌다는 사실은 말할 필요도 없겠지요. 지워지지 않은 다음 수는 '5'입니다. 5도 소수이므로, 앞의 방법과 동일하게 남기고 다섯 개마다 숫자를 지워나갑니다. 즉 5를 제외하고 일의 자리 숫자가 0과 5인 수를 모두 지우는 것입니다. 다음 지워지지 않은 수는 '7'입니다. 소수인 7은 남기고 7부터 일곱 개마다 사선을 그어 지워나갑니다.

이처럼 수를 '체'에 거르는 듯 **차례대로 소수를 찾아가는 방법이 에라토스테네스의 체**입니다. 이는 소수를 찾기 위한 단순하고도 견실한 방법이지만, **값이 큰 소수를 발견하기 위해서는 수고와 노력이 필요하다 결점**이 있습니다.

에라토스테네스의 체

(1) 2를 남기고 2부터 두 개마다 숫자를 삭제한다.
양의 짝수가 모두 지워진다.

2 3 ~~4~~ 5 ~~6~~ 7 ~~8~~ 9 ~~10~~ …

(2) 3을 남기고 3부터 세 개마다 숫자를 삭제한다.
3의 배수가 모두 지워진다.

2 3 ~~4~~ 5 ~~6~~ 7 ~~8~~ ~~9~~ ~~10~~ 11 ~~12~~ …

(3) 5를 남기고 5부터 다섯 개마다 숫자를 삭제한다.
일의 자리 숫자가 0과 5인 수가 모두 지워진다.

2 3 ~~4~~ 5 ~~6~~ 7 ~~8~~ ~~9~~ ~~10~~ 11 ~~12~~ 13
~~14~~ ~~15~~ ~~16~~ 17 ~~18~~ 19 ~~20~~ …

(4) 7을 남기고 7부터 일곱 개마다 숫자를 삭제한다.

2 3 ~~4~~ 5 ~~6~~ 7 ~~8~~ ~~9~~ ~~10~~ 11 ~~12~~ 13
~~14~~ ~~15~~ ~~16~~ 17 ~~18~~ 19 ~~20~~ ~~21~~ …

이 작업을 계속하면 차례대로 소수를 얻을 수 있다.

'소수를 생성하는 공식'은 없다

에라토스테네스의 체는 확실하지만, 수고와 노력을 필요로 하는 방법입니다. 그렇다면 소수素數를 구하는 더 간단한 공식은 없을까요? **이 문제는 몇백 년에 걸쳐 계속 연구되었지만, 실패 연속**이었습니다.

유명한 예를 들어보겠습니다.

$n^2 - n + 41$

위 공식에서 $n = 1, 2, 3, \cdots, 40$까지는 소수를 구할 수 있지만 유감스럽게도 $n = 41$일 때, $41^2 - 41 + 41 = 41^2$이 되어 소수가 되지 않습니다. 이와 마찬가지로 $n^2 - 5n + 79$ 역시 $n = 79$일 때 소수가 아닙니다.

이러한 계산을 설명하자면, 위 식은 일반적으로 아래와 같은 다항식 형태로 나타낼 수 있습니다(다만, z는 1 또는 -1이 아닙니다).

$a \times n^N + b \times n^{N-1} + \cdots + y \times n + z$

$n = z$일 때, 각 항은 z로 나누어떨어지기 때문에 이 항들의 합인 다항식도 z로 나누어떨어져, 소수가 되지 않습니다. 따라서 이와 같은 다항식 경우, $a, b, c, d, \cdots$에 어떤 정수를 대입하여도, 또 아무리 많은 항을 열거하여도 $n = z$일 때, 소수를 얻을 수 없습니다. 참고로 좀 더 자세하게 말하면 1이 소수가 아니기 때문에 z가 1 또는 -1일 때는 이 방식을 사용할 수 없습니다.

소수를 구하는 간단한 공식은 없다

예1 $n^2 - n + 41$

$n = 40$까지는 소수가 도출되지만, $n = 41$에서 합성수가 된다.

n	1	2	3	4	5	6	7	8	9	10
	41	43	47	53	61	71	83	97	113	131
n	11	12	13	14	15	16	17	18	19	20
	151	173	197	223	251	281	313	347	383	421
n	21	22	23	24	25	26	27	28	29	30
	461	503	547	593	641	691	743	797	853	911
n	31	32	33	34	35	36	37	38	39	40
	971	1033	1097	1163	1231	1301	1373	1447	1523	1601

예2 $n^2 + n + 41$

위와 마찬가지로 $n = 40$까지는 소수를 얻을 수 있지만,
$n = 41$을 대입하면,

$$41^2 + 41 + 41 = 41 \times 43$$

으로 합성수가 된다.

소수는 매우 심오하다.

3 7

공통의 식으로 나타내는 수

메르센 수

간단하게 소수를 만드는 공식은 발견되지 않았지만, **몇 개 소수를 공통의 식으로 표현할 수 있다**는 사실을 발견했습니다. 대표적인 예가 **메르센 수**입니다.

수학자 마랭 메르센Marin Mersenne, 1588~1648은

$M_p = 2^p - 1$ (p는 자연수)

형태를 한 수, 즉 메르센 수에 관심이 있었습니다. 특히 그는 **'p가 소수라면 M_p는 소수이다'**라고 생각했습니다. 참고로 $p = 11$까지 계산해보면, 아래와 같습니다.

$M_2 = 2^2 - 1 = 4 - 1 = 3$ (소수)

$M_3 = 2^3 - 1 = 8 - 1 = 7$ (소수)

$M_5 = 2^5 - 1 = 32 - 1 = 31$ (소수)

$M_7 = 2^7 - 1 = 128 - 1 = 127$ (소수)

$M_{11} = 2^{11} - 1 = 2048 - 1 = 2047$

그러나 $M_{11} = 2047$은 소수가 아닌 '23×89'인 합성수로 판명되어, p가 소수일 때 '$M_p = 2^p - 1$' 식이 **완벽한 소수 생성 공식이 아니라는 사실**이 밝혀졌습니다. 따라서 메르센 수 가운데 소수가 되는 수를 특별히 **메르센 소수**라고 부릅니다. 게다가 1644년 메르센은 $M_{67} = 2^{67} - 1$이 소수가 된다고 주장했습니다. 이에 250년 이상 이의를 제기한 사람이 나타나지 않아 '신비한 추측'이라고 불렸지만, 1903년 콜롬비아대학의 프랭크 넬슨 콜Frank Nelson Cole, 1861~1926이 미국에서 열린 수학학회의 강연에서, 이렇게 칠판에 적었습니다.

$$2^{67}-1 = 147573952589676412927$$
$$= 193707721 \times 761838257287$$

신비한 추측이 깨지는 순간이었습니다.

메르센 수의 표

메르센은

p가 소수일 때, 2^p-1은 소수이다. 라고 생각했다.

p	2^p-1	p	2^p-1
1	1	11	$2047 = 23 \cdot 89$
2	3	12	$4095 = 3^2 \cdot 5 \cdot 7 \cdot 13$
3	7	13	8191
4	$15 = 3 \cdot 5$	14	$16383 = 3 \cdot 43 \cdot 127$
5	31	15	$32767 = 7 \cdot 31 \cdot 151$
6	$63 = 3^2 \cdot 7$	16	$65535 = 3 \cdot 5 \cdot 19 \cdot 257$
7	127	17	131071
8	$255 = 3 \cdot 5 \cdot 7$	18	$262143 = 3^2 \cdot 7 \cdot 19 \cdot 73$
9	$511 = 7 \cdot 73$	19	524287
10	$1023 = 3 \cdot 11 \cdot 31$	20	$1048575 = 3 \cdot 5^2 \cdot 11 \cdot 31 \cdot 41$

11은 소수지만 $2^{11}-1$은 합성수가 된다. p가 소수일 때, 2^p-1은 완전한 소수 생성 공식이 아니다.

3 8 아직 풀리지 않은 수수께끼

메르센 소수는 무한할까?

3-7에 등장한 메르센은 1644년, 257 이하의 p에 대해 $2^p - 1$ 꼴의 소수素數는 11개밖에 존재하지 않는다고 주장하여 수학자들의 주목을 받았습니다. 그는 아래와 같은 11개 소수 p에 대해 $2^p - 1$이 소수가 된다는 사실을 주장했지만, 증명은 하지 않았습니다.

$p = 2, 3, 5, 7, 13, 17, 19, 31, 67, 127, 257$

그러나 $p = 257$은, $2^p - 1$이 78자릿수가 되기 때문에 아직 컴퓨터가 없던 시대에 소수인지 아닌지 여부를 판정하기 매우 어려웠습니다. $2^p - 1$ 꼴은 과거 유클리드가 살던 시대에도 완전수(4-3에서 자세하게 설명)와의 관계에서 나타납니다. 메르센보다 먼저 $p = 19$까지 메르센 소수 7개가 이미 알려져 있었던 것입니다.

그리고 메르센이 예상했던 $2^{31} - 1$이 소수라는 사실은 1772년, 수학자 레온하르트 오일러Leonhard Euler, 1707~1783가 증명했습니다. 이는 당시 알려진 소수 가운데 가장 큰 수였습니다. 또 1876년에는 프랑스 수학자 뤼카Lucas가 $2^{127} - 1$이 소수라는 사실을 발표했습니다. 이후 127까지 소수 p를 조사하여 아래와 같은 12개 메르센 소수가 판명되었으며, 뤼카 소수는 12번째 메르센 소수가 되었습니다.

$p = 2, 3, 5, 7, 13, 17, 19, 31, 61, 89, 107, 127$

1952년에는 **$p = 521$인 13번째 메르센 소수**가 발견되었습니다. 이에 의하여 **메르센이 예상했던 $p = 67$과 $p = 257$은 메르센 소수가 아니라는 사실이 밝**

혀졌습니다. 메르센 소수가 무한히 존재하는지 여부는 불분명하지만, 현재 알려진 최대 메르센 소수는 $\boldsymbol{p = 82589933}$으로, 2018년 12월 7일에 발견되었습니다.

메르센 소수의 탐색

생성 공식이 없기 때문에 소수를 찾는 것은 매우 어렵다.

소수	발견자	항수	발견 연도
$2^{31}-1$	오일러	10	1772
⋮	⋮	⋮	⋮
$2^{127}-1$	뤼카	39	1876
$2^{521}-1$	로빈슨	157	1952
$2^{607}-1$	로빈슨	183	1952
$2^{1279}-1$	로빈슨	386	1952
$2^{2203}-1$	로빈슨	664	1952
$2^{2281}-1$	로빈슨	687	1952
⋮	⋮	⋮	⋮
$2^{1257787}-1$	게이지	378632	1996
$2^{1398269}-1$	GIMPS※	420921	1996
$2^{2976221}-1$	GIMPS	895932	1997
$2^{3021377}-1$	GIMPS	909526	1998
$2^{6972593}-1$	GIMPS	2098960	1999

※ GIMPS에 대해서는 다음 장을 참고.

3-9

소수를 찾는 집단, GIMPS

진심으로 소수를 사랑하는 사람들

3-8에서 설명한 2^p-1 꼴 수는 큰 소수素數를 찾아내는 데 매우 유효합니다. 이렇게 **'2^p-1 꼴 수가 소수인지 아닌지'**를 판정하여 큰 값 소수를 찾는 집단이 GIMPSThe Great Internet Mersenne Prime Search입니다. 한마디로 '소수 마니아'라고 할 수 있는 이 집단은 1996년 미국 플로리다주의 조지 볼트만George Woltman에 의해 결성되었습니다. 1990년대에는 고속으로 계산할 수 있는 슈퍼컴퓨터를 사용해 메르센 소수 몇 개를 발견했습니다. 하지만 당시 슈퍼컴퓨터는 사람들이 손쉽게 이용할 수 있는 물건이 아니었습니다. 그래서 볼트만은 '온라인에서 힘을 합치면 일반 컴퓨터밖에 보유하고 있지 않은 사람들도 새로운 메르센 수를 발견할 수 있을 것'이라는 생각에 GIMPS를 결성한 것입니다.

GIMPS가 결성된 해인 1996년 11월 13일, 멤버 중 한 명인 프랑스의 조엘 아몬가드Joel Armengaud가 35번째 메르센 소수를 발견했습니다. 이후 1997년 8월 24일 영국의 고든 스펜서Gordon Spence가 36번째 메르센 소수를, 1998년 1월 27일 미국의 롤런드 클라크슨Roland Clarkson이 37번째 메르센 소수를, 1999년 6월 1일 미국의 나이안 하지라트왈라Nayan Hajratwala가 38번째 메르센 소수를 각각 발견했습니다. 가장 최근에는 2018년 12월 7일, 패트릭 라로슈Patrick Laroche가 **51번째 메르센 소수**를 발견했습니다.

지금도 GIMPS에 참가하는 사람들의 탐색은 계속됩니다. 마치 매일 밤, 하늘을 바라보며 새로운 혜성을 찾는 사람들과 같은 것이지요.

GIMPS의 활동

GIMPS(The Great Internet Mersenne Prime Search)는 인터넷을 통해 큰 값의 메르센 소수를 찾고 있는 집단이다.

메르센 소수 = $2^p - 1$ 형태의 소수 (p는 소수)

GIMPS의 최근 활약

↓

발견일자	발견자	메르센 소수
2009년 6월 4일	GIMPS/오드 스트린드모 (Odd M. Strindmo)	$2^{42643801}-1$
2008년 8월 23일	GIMPS/에드슨 스미스 (Edson Smith)	$2^{43112609}-1$
2013년 1월 25일	GIMPS/커티스 쿠퍼 (Curtis Cooper)	$2^{57885161}-1$
2016년 1월 7일	GIMPS/커티스 쿠퍼	$2^{74207281}-1$
2017년 12월 26일	GIMPS/조너선 페이스 (Jonathan Pace)	$2^{77232917}-1$
2018년 12월 7일	GIMPS/패트릭 라로슈 (Patrick Laroche)	$2^{82589933}-1$(*)

메르센 소수, GIMPS의 최신 정보는 하단을 참고.

↓

GIMPS https://www.mersenne.org

3 10

합성수를 생성하는 공식

페르마 수

메르센 수 외에도 소수를 공통의 식으로 표현하는 방법이 몇 개 있습니다. 페르마 수도 그중 하나입니다(뒤에서 설명하겠지만 그리 좋은 식은 아닙니다). 프랑스 수학자 피에르 페르마Pierre Fermat, 1601~1665는 n을 1, 2, 3, …이라고 할 때, 아래의 식으로 표현되는 수는 소수라고 예상했습니다.

$$F_n = 2^{2^n} + 1$$

이것이 페르마 수입니다. $n = 5$까지 페르마 수를 **오른쪽 페이지**에서 계산했습니다.

하지만 페르마 예상 약 100년 후, 오일러가 '제5의 페르마 수는 641로 나누어떨어지기 때문에 소수가 아니다'라는 사실을 발견했습니다. 즉 페르마 예상은 성립하지 않으며, 위에 서술한 페르마 식도 **완벽한 소수 생성 공식이 아니었던 것**입니다. 게다가 최근 컴퓨터 시대 도래와 더불어 많은 큰 값의 페르마 수가 소수인지 아닌지 여부를 판정할 수 있게 되었는데, 페르마 식이 소수 생성 공식이 아닌, 반대로 **판정된 페르마 수 가운데 F_4보다 큰 페르마 수는 모두 합성수**라는 사실이 밝혀졌습니다. 오늘날 페르마 예상은 '$n = 4$보다 큰 페르마 수는 모두 합성수이다'라는, 다소 비극적이지만 '합성수 생성 공식(?)'을 증명하는 식으로 바뀌고 말았습니다. 최첨단 컴퓨터라 할지라도 무한한 모든 경우를 확인하지 못하기 때문에, **결국은 수학적으로 증명할 수밖에 없는 것**입니다.

○ 페르마 수의 비극

$$\text{페르마 수 } F_n = 2^{2^n} + 1 \ (n = 1, 2, 3, \cdots)$$

$n = 1$일 때, $F_1 = 2^2 + 1 = 5$ ………………… (소수)

$n = 2$일 때, $F_2 = 2^{2^2} + 1 = 17$ ………………… (소수)

$n = 3$일 때, $F_3 = 2^{2^3} + 1 = 257$ ………………… (소수)

$n = 4$일 때, $F_4 = 2^{2^4} + 1 = 65537$ ………………… (소수)

$n = 5$일 때, $F_5 = 2^{2^5} + 1 = 2^{32} + 1$

$= 4294967297$

$= 641 \times 6700417$ ………………… (합성수)

$n = 6$ 이후, 구해지는 F_n은 모두 합성수이기 때문에
페르마의 예상은

모든$n \geq 1$에 대해 F_n은 소수

가 아니라

모든 $n > 4$에 대해 F_n은 합성수

아이러니하게도 페르마의 의도와는 완전 반대가 되었다.

3 11

여전히 증명되지 않은

골드바흐의 추측

3장을 읽으면서 이미 깨달은 분도 있겠지만, 소수素數와 관련된 **미해결 문제는 산처럼 많이 쌓여 있습니다.** 이번 장에서는 수학자 크리스티안 골드바흐Christian Goldbach, 1690~1764가 제시한 흥미로운 문제를 소개합니다. 바로 **골드바흐 추측**이라고 불리는 **'4보다 큰 모든 짝수는 홀수인 두 개 소수 합으로 나타낼 수 있다'**라는 예상입니다.

골드바흐의 말을 처음 들은 사람은 좀 엉뚱하다고 생각할지도 모르겠습니다. 그렇다면 실제로 4보다 큰 몇 개의 짝수를 확인해보겠습니다(골드바흐 분해).

$6 = 3 + 3, 8 = 3 + 5, 10 = 3 + 7, 12 = 5 + 7, 14 = 3 + 11,$
$16 = 3 + 13$

여기까지는 골드바흐 추측이 확실히 성립하는 것처럼 보입니다. 하지만 이 추측은 매우 까다로워 **오늘날의 수학으로는 증명할 수 없습니다.** 또한 오른쪽 변의 합은 한 가지로만 표현되지 않습니다. 위의 예시에서 14나 16 등 짝수는 아래와 같이 몇 가지 방식으로 표현할 수 있습니다.

$14 = 3 + 11 = 7 + 7, 16 = 3 + 13 = 5 + 11$

실제로 짝수 값이 커질수록 홀수인 두 개 소수로 표현하는 방법은 많아집니다. 매우 흥미롭게도 '48'은 그리 크지 않은 짝수임에도 불구하고 표현 방법은 아래와 같이 다섯 가지나 존재합니다.

$48 = 5 + 43 = 7 + 41 = 11 + 37 = 17 + 31 = 19 + 29$

컴퓨터를 활용하여 꽤 큰 수까지 골드바흐 추측의 정당성을 확인하고 있지만, 아직 예외는 발견되지 않았습니다.

골드바흐 추측

4보다 큰 모든 짝수는 홀수인
두 개 소수 합으로 표현할 수 있다.

● 골드바흐 분해(예시)

짝수	골드바흐 분해	짝수	골드바흐 분해
18	5 + 13	30	13 + 17
20	7 + 13	32	13 + 19
22	11 + 11	34	11 + 23
24	7 + 17	36	7 + 29
26	13 + 13	38	19 + 19
28	11 + 17	40	17 + 23

골드바흐 추측은 위와 같이 꽤 큰 수까지 직접 분해하면서 그 정당성을 확인할 수 있는데, 무한개 존재하는 짝수를 확인하는 것은 컴퓨터에서도 불가능하다.

↑

지금까지도 직접 수를 분해하여
확인하는 수밖에 없으며,
아직 증명되지 않았기 때문에 골드바흐 '정리'가 아닌
'추측'으로 남아 있다.

3 12

회문 소수, 에미르프, 절단 가능 소수

특이한 소수들

지금까지 본 것처럼 소수素數는 매우 신기한 수입니다. 이번 장에서는 시점을 바꾸어 재미있는 특징을 가진 소수들을 소개하겠습니다.

첫 번째는 **회문 소수**입니다. 회문 소수는 '토마토'나 '소주 만 병만 주소'처럼 **앞부터 읽어도, 거꾸로 읽어도 똑같은 소수**를 의미합니다. 151이나 727이 대표적인 예이지요.

두 번째는 **에미르프**입니다. 에미르프는 **숫자의 순서를 거꾸로 나열해도 소수가 되는 소수의 조합**을 의미합니다. 참고로 에미르프는 영어로 emirp라고 쓰며, 소수prime number의 'prime'을 거꾸로 나열한 것입니다. 에미르프의 예는 아래와 같습니다.

(13, 31), (17, 71), (37, 73), (79, 97)

두 자릿수 에미르프는 위처럼 4쌍이 존재하고, 세 자릿수 에미르프는 13쌍, 네 자릿수 에미르프는 102쌍으로 자릿수가 늘어날수록 에미르프 조합의 개수가 증가하는 것을 알 수 있습니다.

마지막으로 '73939133'이라는 소수를 살펴봅시다. 이 소수는 매우 재미있는 성질을 가졌습니다. 73939133은 **오른쪽부터 순서대로 하나씩 제거하여 만들어지는 수가 모두 소수**가 됩니다. 실제로 확인해봅시다.

73939133, 7393913, 739391, 73939, 7393, 739, 73, 7

이러한 수를 **절단 가능 소수**라고 부릅니다. 오른편 절단 가능 소수가 만드는 특별한 수열 가운데, 가장 큰 값(위 예시의 경우, 73939133)을 이 수들의 **생성**

수라고 부릅니다(**아래 페이지** 참고).

신비한 소수 가운데 이처럼 독특한 특징을 가진 소수가 존재한다는 사실이 매우 흥미롭습니다.

27개밖에 없는 '오른편 절단 가능 소수'의 생성수

① 53	⑧ 7331	⑮ 373393	㉒ 7393933
② 317	⑨ 23333	⑯ 593993	㉓ 23399339
③ 599	⑩ 23339	⑰ 719333	㉔ 29399999
④ 797	⑪ 31193	⑱ 739397	㉕ 37337999
⑤ 2393	⑫ 31379	⑲ 739399	㉖ 59393339
⑥ 3793	⑬ 37397	⑳ 2399333	㉗ 73939133
⑦ 3797	⑭ 73331	㉑ 7393931	

73939133 이상의 '오른편 절단 가능 소수'는
존재하지 않는다.

참고로 오른쪽부터가 아닌 왼쪽부터 끝 숫자를
제거하는 '왼편 절단 가능 소수' 중 가장 큰 값은
'**357686312646216567629137**'이다.

Column 3 1로만 이루어진 소수

11이나 111처럼 '1'만 나열한 수가 소수가 되는 경우를 찾아봅시다. 1이 2개 나열된 '11'은 당연히 소수입니다. 다음으로 '111'은 3 × 37로 소인수분해가 되기 때문에 소수가 아니지요. 또 1111도 11 × 101로 소인수분해가 되어 소수가 아닙니다. 마찬가지로 11111도 41 × 271이 되어 소수가 아닙니다.

그렇다면 '1로만 이루어진' 수 가운데 11 다음으로 작은 소수는 얼마일까요? 계산기를 꺼낸 분은 안타깝지만 그만두는 것이 현명합니다. 왜냐하면 **다음 소수는 19개의 1로 이루어진 수이기 때문**입니다. 더욱더 놀라운 점은 1을 1000개 나열한 수까지 조사해도 소수가 되는 수는 2개의 1로 이루어진 11과 19개의 1로 이루어진 수를 제외하고, 23개의 1을 나열한 수와 317개의 1을 나열한 수, 두 개밖에 없다는 사실입니다.

$$11 \cdots\cdots \text{소수}$$
$$111 = 3 \times 37 \cdots\cdots \text{소수가 아니다}$$
$$1111 = 11 \times 101 \cdots\cdots \text{소수가 아니다}$$
$$11111 = 41 \times 271 \cdots\cdots \text{소수가 아니다}$$
$$\vdots$$
$$\underbrace{11\cdots\cdots111111}_{18\text{개}} = 3^2 \times 7 \times 11 \times 13 \times 19 \times 52579 \times 333667$$
$$\underbrace{11\cdots\cdots111111}_{19\text{개}} \cdots\cdots \text{소수}$$
$$\underbrace{11\cdots\cdots111111}_{23\text{개}} \cdots\cdots \text{소수}$$
$$\underbrace{11\cdots\cdots111111}_{317\text{개}} \cdots\cdots \text{소수}$$

4

'약수'로 본 여러 가지 수

4장에서는 소수에 이어 그 외 다양한 수들을 소개합니다. 마치 수 축제와 같은 파트라고 할 수 있지요. 구체적으로 완전수, 부족수, 과잉수, 친화수, 사교수, 그리고 이름처럼 신기한 성질의 기묘수에 대해 알아봅니다.

4 1

원래 수보다 약수 합이 작은 수

부족수

3장에서는 소수素數에 대해 자세하게 살펴보았습니다. 소수란 약수가 '1'과 '자기 자신'밖에 없는 수입니다. 4장에서는 약수를 많이 가지고 있는 수에 대해 알아보도록 하겠습니다.

먼저 **부족수**입니다. 부족수는 **자기 자신을 제외한 다른 약수들을 모두 더해도 원래의 수보다 부족한, 즉 원래의 값보다 작은 수**를 의미합니다. 예를 들어 **오른쪽 페이지**처럼 1부터 12까지 조사하면 6과 12를 뺀 다른 수는 모두 부족수입니다. 사실 **대부분의 수는 부족수**에 포함됩니다. 이제부터 간단하게 자신, 즉 원래의 수를 제외한 약수들을 모두 더한 값을 **약수의 합**이라고 합시다.

오른쪽 페이지를 보면 알 수 있듯 소수는 전부 약수 합이 '1'이 됩니다. 즉 '**소수는 모두 부족수**'인 것입니다. 따라서 아무리 큰 수라고 하더라도 소수는 모두 부족수가 됩니다. 그리고 소수는 무한하기 때문에 부족수 또한 무한히 존재합니다. 그렇다면 **오른쪽 페이지** 그림을 조금 더 집중해서 살펴봅시다. '6'의 약수 합은 원래 수와 같은 '6'이 됩니다. 또 '12'의 약수 합은 원래 수보다 큰 '16'이 되지요. 이처럼 약수 합이 원래 수와 일치하는 수나 초과하는 수를 무엇이라고 할까요? 이 수들에 대해서는 다음 절에서 계속 알아보도록 하겠습니다.

'부족'한 수는 많다

- 부족수의 예(1~12)

수	약수의 합	특징
1	0	1 자신은 빼기 때문에 → 부족수
2	1	소수 → 부족수
3	1	소수 → 부족수
4	$1+2=3$	부족수
5	1	소수 → 부족수
6	$1+2+3=6$	원래의 수와 일치
7	1	소수 → 부족수
8	$1+2+4=7$	부족수
9	$1+3=4$	부족수
10	$1+2+5=8$	부족수
11	1	소수 → 부족수
12	$1+2+3+4+6=16$	원래의 수보다 크다

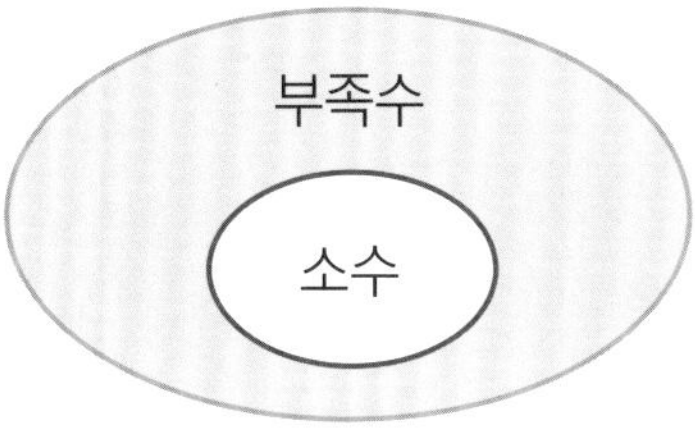

소수는 약수의 합이 '1'이기 때문에 모두 부족수이다.

↓

소수는 무한개 존재하기 때문에, 부족수도 무한개 존재한다.

4 2

원래 수보다 약수 합이 큰 수

과잉수

'12'의 약수 합은 '1 + 2 + 3 + 4 + 6 = 16'으로 원래의 수인 '12'보다 큽니다. 이와 같은 수는 부족수와 반대로 **과잉수**라고 부릅니다. 12 다음에 이어지는 과잉수는 '18, 20, 24, 30, 36, …'이 있습니다. **오른쪽 페이지**를 보면 알 수 있듯 확실히 과잉수지요.

과잉수는 부족수만큼은 아니지만 12, 18, 20, … 등 비교적 많이 있습니다. 실제로 100까지 수 가운데 21개가 과잉수입니다. 그리고 그 수들은 모두 **짝수**입니다. 그래서 '모든 과잉수는 짝수인 것일까?'라는 생각도 듭니다. 하지만 이에 대한 대답은 'NO'입니다. 홀수인 과잉수도 존재하며, 그 최솟값은 '945'입니다. 945의 약수 합은 '975'로 원래 수보다 약간 큽니다.

홀수인 과잉수는 비교적 희소하지만 얼마든지 큰 값도 존재할 수 있습니다. 왜냐하면 **'과잉수의 배수는 모두 과잉수'**라는 법칙이 있기 때문입니다. 따라서 945에 홀수를 곱하면 언제나 홀수인 과잉수가 되는 것이지요. 945 다음으로 나오는 홀수인 과잉수는 945 × 3 = 2835입니다. 물론 홀수는 무한히 존재하기 때문에 **홀수인 과잉수도 끝없이 존재**합니다. 이와 마찬가지로 짝수인 과잉수에 짝수를 곱하면 짝수인 과잉수가 되기 때문에, 짝수인 과잉수도 무한히 존재한다고 할 수 있습니다.

과잉수와 과잉수의 배수

과잉수 예

약수 합

$$18 \longrightarrow \overbrace{1+2+3+6+9}^{\text{약수 합}} = 21\ (>18)$$

$$20 \longrightarrow 1+2+4+5+10 = 22\ (>20)$$

$$24 \longrightarrow 1+2+3+4+6+8+12 = 36\ (>24)$$

홀수인 과잉수 → 945가 최소

945의 약수 합

$$= 1+3+5+7+9+15+21+27+35+45+63+105$$
$$+ 135+189+315 = 975\ (>945)$$

과잉수 배수

〈예〉
과잉수 '12'의 3배인 '36'을 생각해보자.

$$12 \qquad 1 + 2 + 3 + 4 + 6 = 16\ (>12)$$

(각각 ↓ × 3)

$$36 \qquad 1 + 2 + 3 + 4 + 6 + 9 + 12 + 18 = 55\ (>36)$$

12 약수의 3배가 되는 수는 모두 36의 약수에 포함된다.

↓

36도 과잉수이다.

일반적으로 과잉수 배수는 과잉수가 된다.

4-3

약수의 합과 일치하는 특이한 수

완전수

지금까지는 약수 합이 원래 수보다 작은 부족수와 원래 수보다 큰 과잉수에 대해 설명했습니다. 다음으로 약수 합이 원래 수와 완전히 같아지는 **완전수**를 소개하겠습니다. 완전수는 부족수나 과잉수에 비해 **매우 희소**합니다. 완전수 처음 몇 개를 살펴보면,

6, 28, 496, 8128, 33550336, ⋯

이 있습니다. 수 사이 간격이 점점 넓어지기 때문에 완전수를 발견하는 것은 매우 어렵습니다. 그래서 다섯 번째 완전수, 8128 다음으로 33550336을 발견하기까지 약 1700년이 걸렸다는 사실에 고개를 끄덕이게 됩니다. 고대 그리스인은 33550336이 발견되기 전, '네 개 완전수(6, 28, 496, 8128)가 모두 짝수인데, 홀수인 완전수는 없을까?'라는 의문을 가졌습니다. 현재까지 밝혀진 50개의 완전수는 모두 짝수입니다. 고대 그리스인의 **'홀수인 완전수가 존재할까'**라는 의문은 **오늘날 우리들에게 주어진 문제**이기도 합니다.

또한 새로운 메르센 소수素數 $2^p - 1$(3-7 참고)이 발견될 때마다 그 수에 2^{p-1}을 곱하여 새로운 짝수인 완전수를 만들었습니다(이는 4-4에서 다시 설명합니다). 또한 짝수인 완전수는 위와 같은 형태밖에 없다는 사실도 밝혀졌습니다. 따라서 현재 알려진 가장 큰 메르센 소수 $2^{82589933} - 1$이 51번째 완전수인

$$(2^{82589933} - 1) \times 2^{82589933-1}$$

을 만들어 낸 것입니다.

완전수란 어떤 수?

수	약수 합
6	$1 + 2 + 3 = 6$
28	$1 + 2 + 4 + 7 + 14 = 28$
496	$1 + 2 + 4 + 8 + 16 + 31 + 62 + 124 + 248 = 496$
8128	$1 + 2 + 4 + 8 + 16 + 32 + 64 + 127 + 254 + 508$ $+ 1016 + 2032 + 4064 = 8128$

위와 같이 약수 합이 원래 수와 일치하는 수가
완전수이다!

지금까지 배운 수를 정리해보자.

(소수가 아닌) 부족수	(소수인) 부족수	완전수	과잉수
1, 4, 8, 9, ⋯	2, 3, 5, 7, ⋯	6, 28, 496, ⋯	12, 18, 20, 24, 30, ⋯

홀수인 완전수

완전수는 모두 짝수일까?

자연수나 소수素數와 마찬가지로 완전수도 '무한히 존재할까?'라는 의문이 떠오릅니다. 안타깝게도 현재 이 질문에 대한 답은 알려지지 않았습니다. 하지만 **완벽한 완전수 생성 공식**은 이미 유클리드에 의해 발견되었습니다. 이는 매우 놀랄 만한 일입니다. 유클리드 《**원론**》에는

'$2^p - 1$이 소수라면 $2^{p-1} \times (2^p - 1)$의 형태는 모두 완전수이다'

라는 것이 증명되어 있습니다. 다만 $2^p - 1$이 소수라면 p는 소수가 되지만, 반대로 p가 소수여도 모든 $2^p - 1$이 소수가 된다고 할 수 없습니다. 이에 주의해야 합니다. 예를 들어 $p = 11$(소수)인 경우, $2^p - 1 = 2047 = 23 \times 89$이기 때문에 소수가 아닌 합성수가 되는 것처럼 말이지요.

또한 '모든 완전수가 $2^{p-1} \times (2^p - 1)$의 형태여야만 한다'는 것은 아닙니다. 어디까지나 **지금까지 밝혀진 완전수가 모두 위와 같은 형태**일 뿐입니다. 조금 더 구체적으로 살펴보면 아래와 같습니다.

$$6 = 2^1 \times (2^2 - 1) \qquad p = 2$$
$$28 = 2^2 \times (2^3 - 1) \qquad p = 3$$
$$496 = 2^4 \times (2^5 - 1) \qquad p = 5$$
$$8128 = 2^6 \times (2^7 - 1) \qquad p = 7$$
$$33550336 = 2^{12} \times (2^{13} - 1) \qquad p = 13$$

그리고 오일러가 '짝수인 완전수가 존재한다면 그것은 유클리드의 $2^{p-1} \times (2^p - 1)$ 형태여야만 한다'라는 것을 증명했습니다. 실제로 컴퓨터를

활용하여 꽤 큰 수까지 **홀수인 완전수는 존재하지 않는다**는 사실을 알아냈습니다. 하지만 홀수인 완전수는 존재할지도 모르기 때문에, 역시 모든 완전수가 이런 형태라고 단언할 수 없는 것입니다. 홀수인 완전수가 발견된다면, 이는 분명 수학 학회가 흥분하는 빅뉴스가 될 것입니다.

유클리드의 주장

$2^p - 1$이 소수 ➡ $2^{p-1} \times (2^p - 1)$은 완전수

● 496으로 생각하기

$496 = 2^4 \times (2^5 - 1) = 2^4 \times 31$ → 소수

$$\begin{aligned} \text{약수 합} &= 1 + 2^1 + 2^2 + 2^3 + 2^4 \\ &\quad + 1 \times 31 + 2 \times 31 + 2^2 \times 31 + 2^3 \times 31 \\ &= 1 + 2 + 4 + 8 + 16 + 31 + 62 + 124 + 248 = 496 \end{aligned}$$

● 임의의 수 p에서 $2^p - 1$이 소수일 때,
$2^{p-1} \times (2^p - 1)$의 약수 합

$$= \underbrace{1 + 2 + \cdots + 2^{p-1}}_{} + \underbrace{(2^p - 1) + 2(2^p - 1) + 2^{p-2}(2^p - 1)}_{}$$

→ 각각 '등비수열 합의 공식※'을 사용한다.

$$= \frac{2^p - 1}{2 - 1} + \frac{2^{p-1} - 1}{2 - 1} \times (2^p - 1)$$

$$= 2^{p-1} \times (2^p - 1)$$

➡ **완전수**

※ '등비수열 합의 공식'을 사용한다.

$$1 + a + a^2 + \cdots + a^n = \frac{a^{n+1} - 1}{a - 1} \ (a \neq 1)$$

4 5

약수 합이 서로가 되는 두 쌍의 수

친화수

약수 합에 주목하면, 또 다른 재미있는 특징을 가진 수가 있습니다. 그중 한 가지가 **친화수**입니다. 예를 들어 a와 b라는 두 수가 있습니다. a의 약수 합이 b가 되고, b의 약수 합이 a가 되는 두 수를 **친화수(의 쌍)**라고 부릅니다.

친화수는 매우 희소합니다. 고대 그리스인도 (220, 284) 조합밖에 알지 못했을 정도입니다. **두 번째** 친화수 조합은 1636년 페르마가 찾아내기 전까지 발견되지 않았습니다. 그 조합은 아래와 같습니다.

(17296, 18416)

여기에서 말하는 두 번째 조합이란 '두 번째로 작은'을 의미하는 것이 아니라, 친화수를 발견한 순서를 나타내는 말입니다. '두 번째로 작은' 친화수 조합이 발견된 것은 1867년입니다. 이는 무려 이탈리아 16세 학생, 파가니니Paganini가 발견했습니다. 이 친화수 조합은 (1184, 1210)입니다. 이보다 큰 수의 친화수 조합이 먼저 발견되었다는 것도 매우 신기한 이야기입니다.

세 번째 친화수 쌍은 '나는 생각한다. 고로 존재한다'로 유명한 프랑스의 철학자이자 수학자인 데카르트가 1638년 발견한 (9363584, 9437056)입니다. 이후 위대한 오일러가 1747년부터 1750년까지 59쌍의 친화수 조합을 발견했습니다. 그중 가장 작은 조합은 다음과 같습니다.

$2620 = 2^2 \times 5 \times 131,\ 2924 = 2^2 \times 17 \times 43$

19세기 말까지 발견된 **66쌍의 친화수 조합 가운데, 59쌍을 오일러가 발견**했다는 사실이 매우 놀랍습니다.

친화수란?

친화수는 우애수, 친애수,
친구수 등으로 불린다.

N의 약수 합 $= M$
M의 약수 합 $= N$
→ **M과 N은 친화수**

〈예〉 220과 248 조합

$220 = 2^2 \times 5 \times 11$ (소인수분해)

약수의 합 $= 1 + 2 + 4 + 5 + 10 + 11 + 20 + 22 + 44 + 55 + 110$

$= 284$

$284 = 2^2 \times 71$ (소인수분해)

약수의 합 $= 1 + 2 + 4 + 71 + 142 = 220$

지금까지 약 1000쌍의 친화수가 발견되었다.

4 6

79750과 88730

드디어 모습을 드러낸 친화수

4-5에서 소개했듯 16세 소년 파가니니는 1867년, 약 2500년 전 발견된 최초의 친화수 조합 (220, 284)를 제외하고, 당시 알려져 있던 어느 쌍보다 작고 새로운 아래와 같은 친화수 조합을 발견했습니다.

$1184 = 2^5 \times 37$ (소인수분해)

약수 합

$= 1 + 2 + 4 + 8 + 16 + 32 + 37 + 74 + 148 + 296 + 592$

$= 1210$

$1210 = 2 \times 5 \times 11^2$ (소인수분해)

약수 합

$= 1 + 2 + 5 + 10 + 11 + 22 + 55 + 110 + 121 + 242 + 605$

$= 1184$

이 조합은 어찌된 영문인지 위대한 오일러는 발견하지 못했습니다. 하지만 오늘날은 컴퓨터를 활용하여 **1억까지 친화수 조합**을 모두 발견했습니다. 따라서 이제는 혹시라도 놓쳤을지 모르는 친화수 조합이 파가니니와 같은 열정 가득한 아마추어에 의해 발견될 여유는 없을 것입니다.

1939년 B. H. 브라운이 (12285, 14595) 조합을 공표하기 전까지 389쌍의 친화수 조합이 발견되었으며, 그중 일부는 10^{24} 정도 크기를 가지고 있습니다. 그런데 믿을 수 없게도 10^5보다 작은 친화수 조합을 놓치고 있었습니다. 이 조합은 1966년, 100만까지의 수 가운데 모든 친화수 조합을 컴퓨터로 끝까지 철저하게 파헤치는 과정에서 처음 발견되었습니다. '**마지막에 드디어 모습을 드러**

낸' 친화수 조합은 다음과 같습니다.

$79750 = 2 \times 5^3 \times 11 \times 29$　　　$88730 = 2 \times 5 \times 19 \times 467$

현재, 작은 축에 속하는 친화수 조합은 100만 이하에서 42쌍, 1000만 이하에서 108쌍, 1억 이하에서 236쌍이 밝혀졌습니다. 다만 친화수 조합이 무한히 존재하는지에 대한 여부는 아직 증명되지 않았습니다.

대표적인 친화수 조합

친화수 조합		발견자	발견연도
220	284	피타고라스	기원전 540년
1184	1210	파가니니	1867년
2620	2924	오일러	1747년
5020	5564	오일러	1747년
6232	6368	오일러	1747년
10744	10856	오일러	1747년
12285	14595	브라운	1939년
17296	18416	페르마	1636년
63020	76084	오일러	1747년
66928	66992	오일러	1747년
67095	71145	오일러	1747년
69615	87633	오일러	1747년
79750	88730	알란 외	1966년
100485	124155	오일러	1747년
122265	139815	오일러	1747년

친화수는 소수처럼 가장 최근에 밝혀진 수가 가장 큰 수가 아니다. 친화수의 발견 순서는 일정하지 않다. 또한 오일러가 찾아내지 못한 (1184, 1210)의 친화수 조합을 고등학생인 파가니니가 발견했다는 사실은 수학계에 큰 충격을 안겨주었다.

4 7

대부분의 친화수는 9로 나누어떨어진다

친화수와 관련된 추측들

친화수는 작은 값 조합이 오랫동안 발견되지 않거나, 16세의 소년이 대수학자보다 먼저 발견하는 등 재미있는 일화가 풍부합니다. 이번 장에서는 이런 **친화수와 관련된 추측**을 몇 가지 소개하겠습니다.

① 친화수는 무한히 존재한다.
② 친화수 조합은 짝수의 쌍 또는 홀수의 쌍이다.
③ 홀수인 친화수는 모두 3으로 나누어떨어진다.
④ 친화수 조합은 모두 1이 아닌 공약수를 가진다.

②와 ③이 옳다면 짝수인 친화수 조합은 2로 나누어떨어지며, 홀수인 친화수 조합 역시 3으로 나누어떨어져 ④가 옳다는 사실을 간단하게 알 수 있습니다. 그리고 친화수는 그 수가 무한히 커지면 '짝을 이루는 두 수의 비(M/N)는 한없이 1에 가까워질 것이다'라는 추측도 있는데, 이는 친화수가 무한하다고 가정했을 때의 예상입니다.

또한 **많은 친화수 조합은 두 수 합이 9로 나누어떨어진다는 특징**이 있습니다. 가장 작은 친화수 조합 (220, 284)를 예로 들면, 두 수 합은 220 + 284 = 504가 되어 9로 나누면 확실하게 56으로 나누어떨어집니다. 하지만 유감스럽게도 이 특징의 예외도 발견되었습니다. (11285, 14595) 조합은 두 수 합이 26880이기 때문에 9로 나누면 2986.666…이 되어 나누어떨어지지 않습니다.

이제는 고성능 컴퓨터를 쉽게 사용할 수 있기에 앞으로도 친화수에 대한 다양한 추측과 특징들이 발견되겠지요.

친화수 특징

친화수 조합인 두 수 합

↓

대부분 9로 나누어떨어진다.

M	N	$\dfrac{M+N}{9}$
220	284	56
1184	1210	266
2620	2924	616
5020	5564	1176
6232	6368	1400
10744	10856	2400
12285	14595	2986.666···
17296	18416	3968
⋮	⋮	⋮
726104	796696	169200
802725	863835	185173.333···
879712	901424	197904
898216	980984	208800

친화수 최초 40쌍 가운데,
예외는 위 두 쌍밖에 없다.

4 8

사교수의 99%는 4개 수 조합

사교수

친화수 정의는 '어떤 수의 약수 합이 다른 수와 같다'였습니다. 이 정의를 확장하여 다음과 같은 관계를 가진 **세 개 이상 수 조합**이 존재하는지 살펴봅시다. 이와 같은 수 조합을 **사교수**라고 부릅니다.

먼저 세 수 *L*, *M*, *N* 조합을 생각해봅시다. ***L*의 약수 합이 *M*과 같고, *M*의 약수 합은 *N*과 같으며, *N*의 약수 합은 *L*과 같은 조합이 존재할까.** 그러나 지금까지 이렇게 '사교적'인 세 수 조합은 발견하지 못했으며, 세 수의 사교수 조합이 '존재하지 않는다'는 것을 증명한 사람도 없습니다. 또한 네 개 수로 만들 수 있는 사교수 조합 가운데, 가장 작은 수를 포함한 조합은 이렇게 알려져 있습니다.

1264460, 1547860, 1727636, 1305184

2017년까지 5410쌍의 사교수 조합이 발견되었는데 그중 4개 수 조합은 5398쌍에 달합니다. 그 외의 조합으로는 5개 수 조합은 1쌍, 6개 수 조합은 5쌍, 8개 수 조합은 4쌍, 9개 수 조합은 1쌍, 28개 수 조합은 1쌍입니다.

예를 들어 오른쪽 페이지에서도 소개하는 5개 수 사교수 조합은 아래와 같습니다.

12496, 14288, 15472, 14536, 14264

사교수에서 가장 신기한 점은 앞에서 언급한 것처럼 **세 수의 사교수 조합이 아직 발견되지 않았다는 점**입니다.

5개 수 사교수 조합

아래 5개 수가 '사교수'라는 사실을 확인해보자.
확실히 5개 수는 사교수가 된다는 사실을 알 수 있다.

① $12496 = 2^4 \times 11 \times 71$ (소인수분해)

약수의 합 $= 1 + 2 + 4 + 8 + 16 + 11 + 22 + 44 + 88 + 176 + 71$
$+ 142 + 284 + 568 + 1136 + 781 + 1562 + 3124 + 6248$
$= 14288$

② $14288 = 2^4 \times 19 \times 47$ (소인수분해)

약수의 합 $= 1 + 2 + 4 + 8 + 16 + 19 + 38 + 76 + 152 + 304 + 47$
$+ 94 + 188 + 376 + 752 + 893 + 1786 + 3572 + 7144$
$= 15472$

③ $15472 = 2^4 \times 967$ (소인수분해)

약수의 합 $= 1 + 2 + 4 + 8 + 16 + 967 + 1934 + 3868 + 7736$
$= 14536$

④ $14536 = 2^3 \times 23 \times 79$ (소인수분해)

약수의 합 $= 1 + 2 + 4 + 8 + 23 + 46 + 92 + 184 + 79 + 158$
$+ 316 + 632 + 1817 + 3634 + 7268$
$= 14264$

⑤ $14264 = 2^3 \times 1783$ (소인수분해)

약수의 합 $= 1 + 2 + 4 + 8 + 1783 + 3566 + 7132$
$= 12496$

약수의 합 12496, 14288, 15472, 14536, 14264

4 9

1000보다 작은 기묘수는 70과 836뿐

기묘수

4-2에서 설명했듯이 '12'와 같이 약수 합이 그 자신보다 큰 수를 **과잉수**라고 합니다. 예를 들어 12의 약수 합은

$$1 + 2 + 3 + 4 + 6 = 16$$

으로 12보다 크지요.

모든 약수가 아니라, 약수 가운데 '2', '4', '6'만 선택해 그 합을 구하면

$$2 + 4 + 6 = 12$$

가 되어, 원래 수 12와 일치합니다. 그리고

$$1 + 2 + 3 + 6 = 12$$

도 원래 수 12와 같아집니다. '30'이라는 수 역시 약수 합이

$$1 + 2 + 3 + 5 + 6 + 10 + 15 = 42$$

이기 때문에 과잉수입니다. 그러나 약수 일부만 더하면

$$5 + 10 + 15 = 30$$

이 됩니다. 이렇듯 대부분 과잉수는 **일부 약수 합이 원래 수와 같다**는 성질을 가집니다. 이런 성질을 갖지 않은 과잉수를 **기묘수**라고 합니다. 사실 1000보다 작은 기묘수는 두 개밖에 없습니다. 모든 기묘수 가운데 가장 작은 수는 **'70'**입니다. 70의 약수 합은

$$1 + 2 + 5 + 7 + 10 + 14 + 35 = 74$$

로 과잉수인데, **70과 74의 차인 '4'를 뺄 수 있는 수 조합이 없다**는 사실을 눈치

챘나요? 따라서 약수의 합을 70으로 만드는 조합은 존재하지 않는 것입니다. 또 오늘날 우리가 알고 있는 기묘수는 모두 짝수이며, 홀수인 기묘수는 아직 발견되지 않았습니다. 그러나 우리는 기묘수가 무한히 존재한다는 사실을 알고 있습니다.

● 과잉수 예외, 기묘수

18 → $1 + 2 + 3 + 6 + 9 = 21$

$3 + 6 + 9 = 18$ 원래의 수 18과 일치

20 → $1 + 2 + 4 + 5 + 10 = 22$

$1 + 4 + 5 + 10 + 20$ 원래의 수 20과 일치

과잉수 가운데 일부 약수 합이 원래 수와 일치하지 않는 수

↑ 기묘수

※ 위의 18, 20은 기묘수가 아니다.

가장 작은 기묘수는 70이다. 왜냐하면

70 → $1 + 2 + 5 + 7 + 10 + 14 + 35 = 74$

원래 수 70을 만들기 위해
위 약수를 조합하여 $74 - 70 = 4$를
만들어야 하는데…,

4를 만들 수 없어!

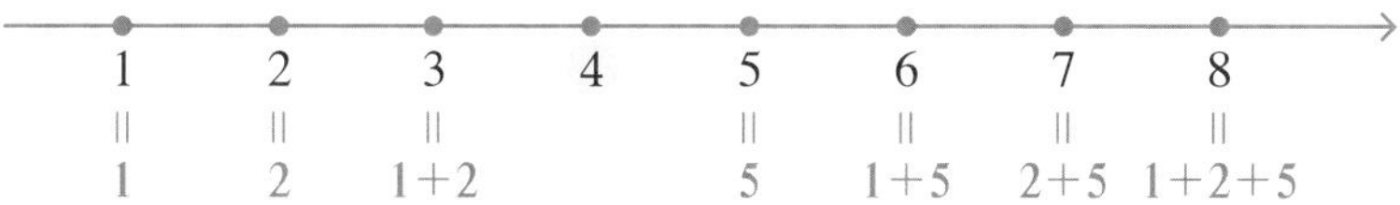

Column 4 아직 증명하지 못한 '$3x + 1$문제'

문제 자체는 쉽게 이해할 수 있지만, 아직도 해결하지 못한 유명한 난제가 있습니다. 바로 **$3x + 1$ 문제**입니다.

만약 주어진 어떤 수가 짝수라면 2로 나누고, 홀수라면 3배하여 1을 더합니다. 그래서 $3x + 1$ 문제라고 부릅니다. '위의 계산을 반복하면 어떤 자연수에서 시작해도 결국 마지막엔 1을 얻을 수 있을까'라는 궁금증이 $3x + 1$ 문제입니다.

예를 들어 3에서 시작한다고 가정합니다. 그러면 '3 → 10 → 5 → 16 → 8 → 4 → 2 → 1'이 되어 확실히 결과로 1을 얻을 수 있습니다. 지금까지 컴퓨터를 통해 값이 매우 큰 수까지 확인했지만, 아직 마지막에 '1이 되지 않는 수'는 발견하지 못했습니다. 그러나 '이 주장이 옳다'라는 사실도 증명되지 않았습니다.

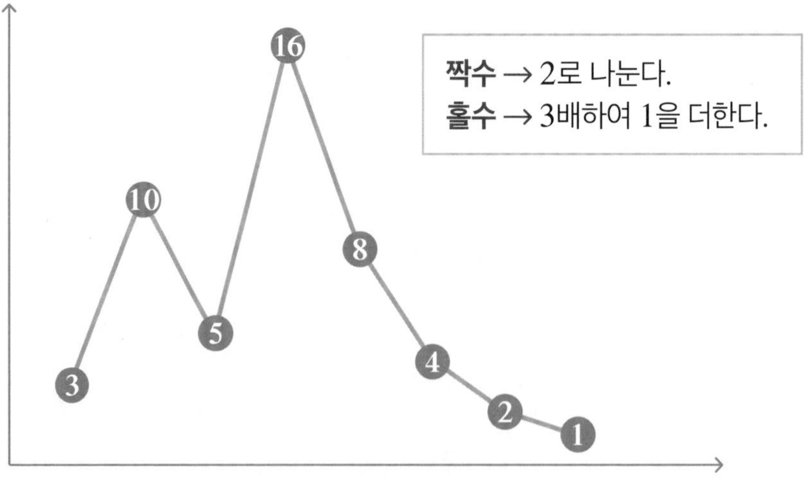

$3x + 1$문제

5

도형과 수가 손을 잡은 '도형수'

이번 장에서는 조금 다른 방향에서 수를 바라봅니다. 구체적으로 삼각형과 같은 도형과 관련된 도형수※입니다. 먼저 삼각수, 사각수, 오각수, 육각수, 사면체수에 대해 설명하고, 다음으로 제곱수, 세제곱수, 그리고 그와 관련된 추측을 다루겠습니다.

※ 도형수란 일정한 규칙에 따라 도형 모양으로 나열된 점의 개수를 헤아리는 자연수의 총칭입니다.

5 1

자연수를 차례차례 더한다

삼각수

5장 '주인공'인 **도형수**는 지금까지 봐온 수들과 조금 다르게 **개념 배경이 도형과 관련된 수**입니다. 피타고라스Pythagoras, 기원전 570?~495? 등 고대 그리스 수학자들은 평면 위 또는 공간 안에 어떤 규칙에 따라 점을 찍어 만들어지는 수에 대해 관심이 많았습니다. 이와 같은 도형에서 가장 간단한 것은 정삼각형을 기본으로 만들어지는 것입니다. **오른쪽 페이지**에서 그림과 함께 봅시다.

오른쪽과 같이 정삼각형을 만드는 점의 개수를 헤아리면

1, 3, 6, 10, 15, 21, 28, 36, 45, 55, 66, ⋯

의 수열이 만들어집니다. 이와 같은 수를 **삼각수**라고 합니다. 삼각수는 1부터 시작하는 자연수를 순서대로 더하면 만들어집니다.

즉,

$$1 = 1$$
$$1 + 2 = 3$$
$$1 + 2 + 3 = 6$$
$$1 + 2 + 3 + 4 = 10$$
$$1 + 2 + 3 + 4 + 5 = 15$$

가 되는 것입니다. 그 모양도 삼각형입니다. 이는 삼각수인 도형의 점을 **오른쪽 페이지**와 같이 나누어 생각하면 이해하기 쉽습니다. 이처럼 도형수를 생각할 때 **그 도형을 떠올리면** 여러 가지 사실을 알 수 있습니다.

자연수를 차례차례 더한다

삼각수

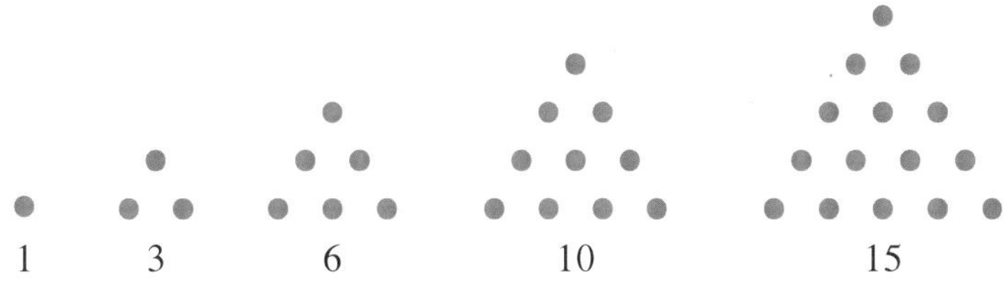

삼각수는 이러한 규칙으로 증가한다.

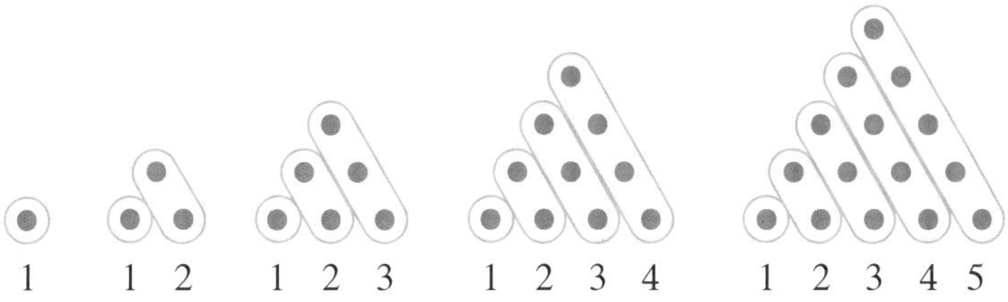

이처럼 점을 나누면 더 이해하기 쉽다.

$$1 = 1$$
$$1 + 2 = 3$$
$$1 + 2 + 3 = 6$$
$$1 + 2 + 3 + 4 = 10$$
$$1 + 2 + 3 + 4 + 5 = 15$$
$$\vdots$$

이와 같이 삼각수는 계속된다.

5 2

가우스의 일화

삼각수를 구하는 공식

삼각수는 자연수를 차례차례 더해가며 구할 수 있기 때문에 n번째 삼각수 S_n을 일반적으로 다음과 같은 식으로 나타낼 수 있습니다.

$$S_n = 1 + 2 + 3 + \cdots + (n-2) + (n-1) + n \quad \cdots\cdots ①$$

위의 식을 조금 더 간단히 만드는 방법을 생각해봅시다. 먼저 식 S_n 항의 앞뒤 순서를 바꾸어 아래처럼 나타냅니다.

$$S_n = n + (n-1) + (n-2) + \cdots + 3 + 2 + 1 \quad \cdots\cdots ②$$

①과 ②를 더하면,

$$\begin{array}{rcccccccccccc} & S_n = & 1 & + & 2 & + & 3 & + \cdots + & (n-2) & + & (n-1) & + & n \\ + & S_n = & n & + & (n-1) & + & (n-2) & + \cdots + & 3 & + & 2 & + & 1 \\ \hline & 2S_n = & (n+1) & + & (n+1) & + & (n+1) & + \cdots + & (n+1) & + & (n+1) & + & (n+1) \end{array}$$

으로 **모든 항이 $(n+1)$이 된다는 사실**을 발견할 수 있습니다. 이 식 항의 개수는 n개이기 때문에, 그 합계는

$$2S_n = (n+1) \times n$$

이 되고, 아래와 같은 공식을 얻을 수 있습니다.

$$S_n = \frac{n(n+1)}{2}$$

이를 **도형으로 나타내면 더 잘 이해할 수 있습니다(오른쪽 페이지** 참고). 예를 들어 1부터 100까지 합은

$$S_n = 1 + 2 + 3 + \cdots + 100 = \frac{100 \times (100+1)}{2} = 5050$$

으로 바로 값이 구해집니다. 대수학자 가우스는 초등학생 때 이런 풀이 방법으로 1부터 40까지 합(이야기에 따라 '40'이라는 숫자는 변하지만)을 바로 구하여 시간이 꽤 걸리는 계산이라고 생각하던 선생님을 놀라게 했다는 일화가 남아 있습니다.

삼각수를 구하는 공식

$$S_n = \frac{n(n+1)}{2}$$

● $n = 2$인 경우

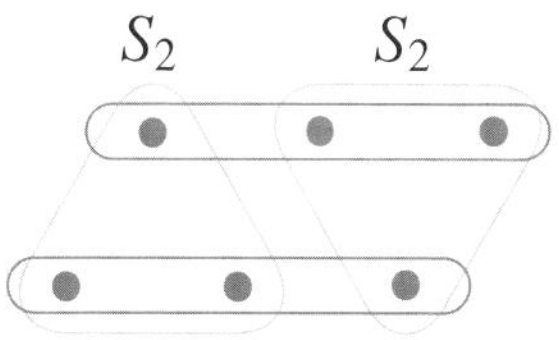

$$\left.\begin{array}{l} 1 + 2 = 3 \\ 2 + 1 = 3 \end{array}\right\} \rightarrow 2S_2 = 3 \times 2$$

$$\downarrow$$

$$S_2 = \frac{2 \times (2+1)}{2}$$

● $n = 3$인 경우

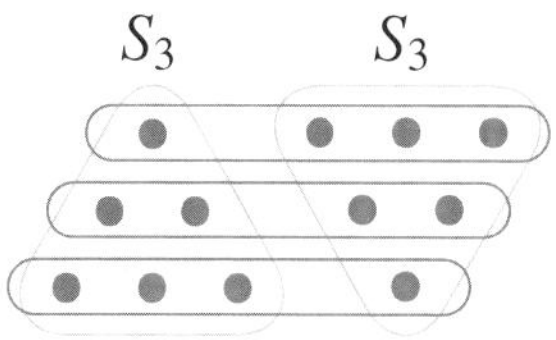

$$\left.\begin{array}{l} 1 + 3 = 4 \\ 2 + 2 = 4 \\ 3 + 1 = 4 \end{array}\right\} \rightarrow 2S_3 = 4 \times 3$$

$$\downarrow$$

$$S_3 = \frac{3 \times (3+1)}{2}$$

5 3

어떤 집합에서 추출한 두 개로 만드는 수열

조합과 삼각수

삼각수는 종종 전혀 생각하지 못한 곳에서 마주칩니다.

$$1 = 1$$
$$1 + 2 = 3$$
$$1 + 2 + 3 = 6$$

삼각수는 이처럼 자연수를 더해 점의 피라미드를 만드는 것이 전부인 수는 아닙니다. 삼각수는 **어떤 집합에서 두 개 원소를 꺼낸 조합 수**도 나타냅니다. 이때 두 개를 꺼낸 순서는 무시합니다. **오른쪽 페이지**를 보며 설명하겠습니다.

예를 들어 원소가 두 개인 집합에서 원소 A와 B, 두 개를 꺼냈다고 합시다. 이 경우 원소 A와 B를 그대로 뽑은 것일 뿐이기에 한 가지 방법밖에 없습니다. 이 '1'이 최초의 삼각수가 됩니다. 다음으로 원소 A, B, C를 갖는 집합에서 두 개를 뽑습니다. 이 경우 AB, BC, AC 세 가지 방법이 있습니다. 그리고 원소 A, B, C, D로 이루어진 집합에서 두 개를 꺼내는 방법으로 AB, AC, AD, BC, BD, CD의 여섯 가지가 있습니다. 이처럼 **어떠한 집합에서 두 개를 추출하는 조합 개수로 만드는 수열이 삼각수**입니다.

이번에는 **조합**에 관하여 봅시다. **'원소가 m개인 집합에서 n개를 선택한다'**를 '$_{m}C_{n}$'이라고 표현합니다. 'C'는 영어로 조합을 나타내는 'combination'의 첫 글자입니다. 이러한 방법으로 위 수열을 아래처럼 나타낼 수 있습니다.

$$_{2}C_{2} = 1,\ _{3}C_{2} = 3,\ _{4}C_{2} = 6,\ _{5}C_{2} = 10,\ \cdots$$

조합에 등장하는 '삼각수'

삼각수 1, 3, 6, 10, 15, 21, ⋯

↕

어떤 집합에서 원소 두 개를 꺼내는 조합 수

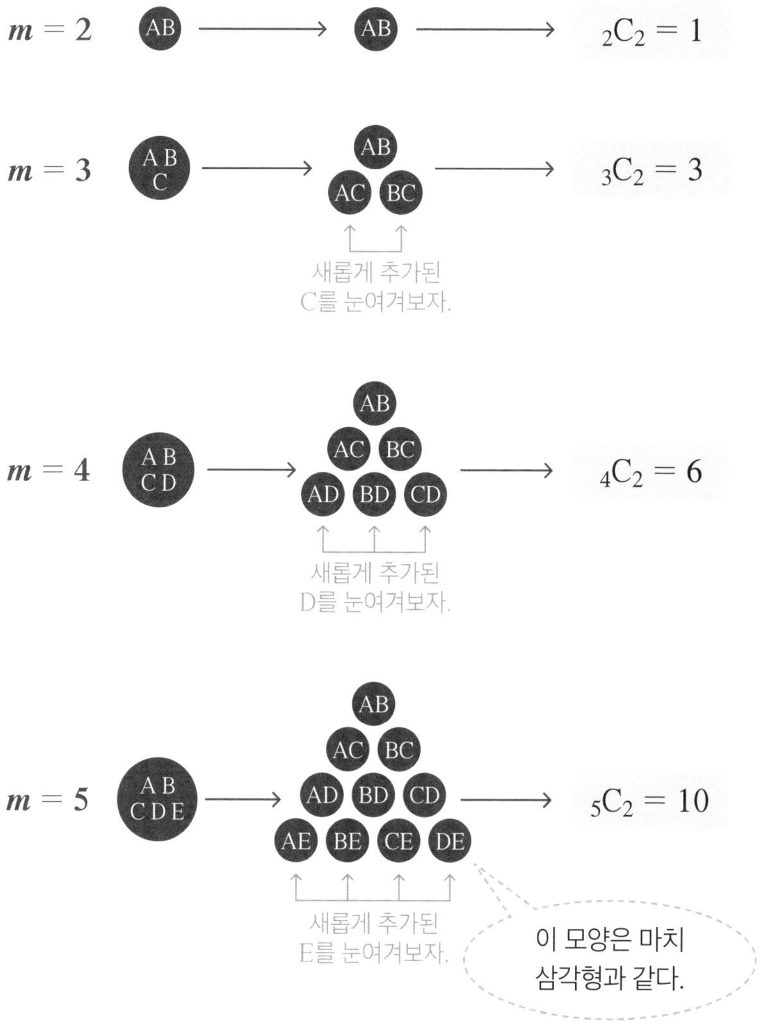

5 4

홀수를 차례차례 더한다

사각수 또는 제곱수

이전 장에서 **삼각수**를 설명했는데, '삼각수가 있다면 사각수도 있지 않을까?'라는 궁금증이 자연스럽게 떠오릅니다. 물론 여러분 예상처럼 **사각수**도 존재합니다. 정삼각형을 만드는 수가 삼각수라면, 정사각형을 만드는 수가 사각수입니다. **오른쪽 페이지**에서 그림과 함께 보도록 하겠습니다. 사각수는 평면 위에 점점 큰 정사각형을 그리면서 얻을 수 있습니다. 이 점을 순서대로 헤아려보면, 이런 수열이 만들어집니다.

1, 4, 9, 16, 25, 36, 49, 64, ⋯

1에서 시작하여 하나 건너 모든 자연수, 즉 홀수를 차례대로 더하면 이 수열이 완성됩니다.

$$1 = 1$$
$$1 + 3 = 4$$
$$1 + 3 + 5 = 9$$
$$1 + 3 + 5 + 7 = 16$$
$$1 + 3 + 5 + 7 + 9 = 25$$

여기에서 수열 우변을 조금 더 주의 깊게 살펴보도록 합시다. 각각 사각수는 자연수의 제곱이 됩니다. **오른쪽 페이지**보다 일목요연하네요. 따라서 이 수열은 위의 표현보다

$1^2, 2^2, 3^2, 4^2, 5^2$

으로 나타내는 편이 더 이해하기 쉬울지도 모릅니다. 이러한 성질 때문에 사각수는 **제곱수**라고도 부릅니다.

사각수 = 홀수의 합

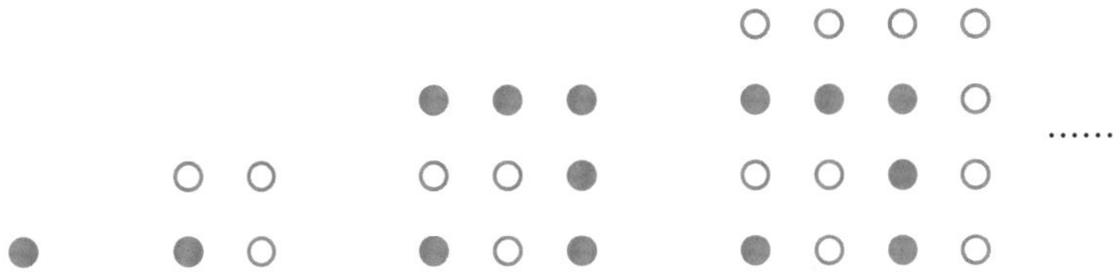

1　　$4 = 1 + 3$　　$9 = 1 + 3 + 5$　　$16 = 1 + 3 + 5 + 7$ ……

사각수는 '홀수의 합'으로 나타낼 수 있다.

사각수 = 제곱수

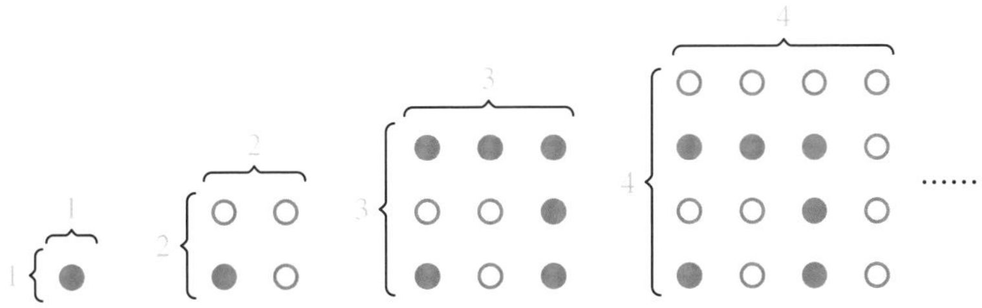

$1^2 = 1$　　$2^2 = 4$　　$3^2 = 9$　　$4^2 = 16$ ……

이와 같은 관계 때문에 사각수를 '제곱수'라고도 부른다.

5 5

일정한 간격을 둔 수들의 합

오각수와 육각수

'삼각수와 사각수가 있다면 오각수와 육각수도 있지 않을까?'라고 생각하는 분도 있겠지요. 물론 오각수와 육각수도 존재합니다. **오각수**는 오각형을 기본으로 생성되는 수입니다. **오른쪽 페이지**에서 볼 수 있듯

1, 5, 12, 22, 35, 51, 70, 92, ⋯

처럼 **1에서 시작하여 간격이 3인 수의 합으로 만들어지는 수열**입니다.

$$1 = 1$$
$$1 + 4 = 5$$
$$1 + 4 + 7 = 12$$
$$1 + 4 + 7 + 10 = 22$$
$$1 + 4 + 7 + 10 + 13 = 35$$

그리고 육각수는 육각형을 바탕으로 생성되는 수로, **오른쪽 페이지**처럼

1, 6, 15, 28, 45, 66, ⋯

과 같이 **1에서 시작하여 간격이 4인 수의 합으로 만들어지는 수열**이지요.

$$1 = 1$$
$$1 + 5 = 6$$
$$1 + 5 + 9 = 15$$
$$1 + 5 + 9 + 13 = 28$$
$$1 + 5 + 9 + 13 + 17 = 45$$

n각수는 1에서 시작하여 $(n-2)$ 간격인 수들을 차례대로 더하면서 만들어집니다. 예를 들어 육각수라면 $6-2$, 즉 4씩 증가하는 수가 되는 것입니다.

◎ 오각수

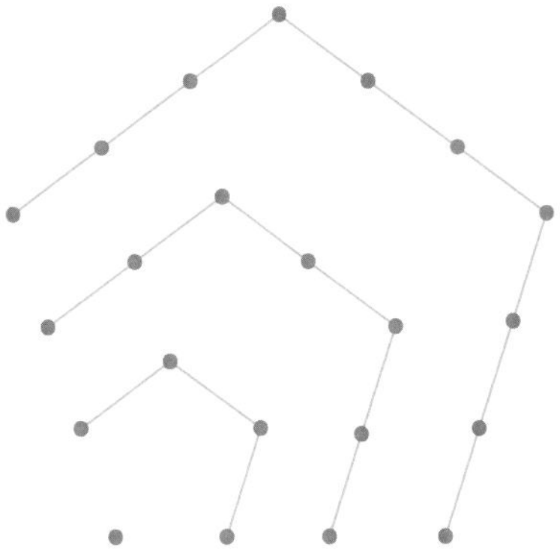

$$1 = 1$$
$$1 + 4 = 5$$
$$1 + 4 + 7 = 12$$
$$1 + 4 + 7 + 10 = 22$$

3 3 3

오각수의 5 ⟶ $5 - 2 = 3$ 씩 증가

◎ 육각수

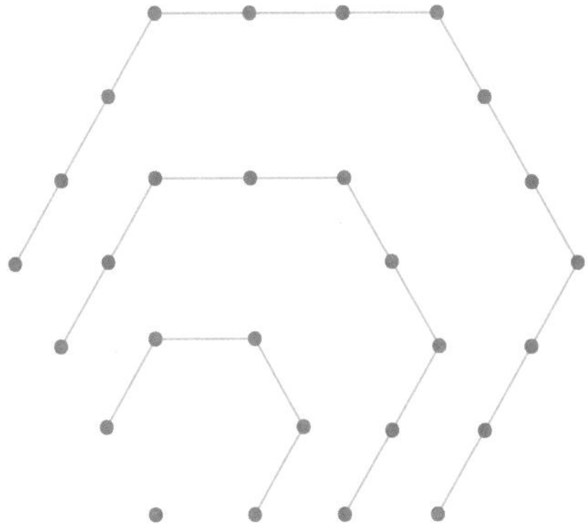

$$1 = 1$$
$$1 + 5 = 6$$
$$1 + 5 + 9 = 15$$
$$1 + 5 + 9 + 13 = 28$$

4 4 4

육각수의 6 ⟶ $6 - 2 = 4$ 씩 증가

5 6

다음 세대 연구자들이 증명하다

페르마의 추측

3장과 4장에도 등장한 페르마는 소수素數뿐만 아니라 도형수에도 흥미를 느끼고 있었습니다. 그가 3세기경 알렉산드리아에서 활약했던 그리스 수학자 디오판토스Diophantos가 저술한 책의 복사본을 손에 넣었던 것은 서른 살 무렵이었습니다. 페르마는 이 복사본 여백에,

> '모든 자연수는 삼각수이거나 2개 또는 3개 삼각수 합으로 표현할 수 있다.'

라고 적었습니다. 즉 **'모든 자연수는 3개 이하 삼각수 합으로 표현할 수 있다'**라는 것입니다. 마찬가지로 그는 이렇게 생각했습니다.

> '모든 자연수는 사각수이거나 2개, 3개 또는 4개 사각수 합으로 나타낼 수 있다.'
> '모든 자연수는 오각수이거나 2개, 3개, 4개 또는 5개 오각수 합으로 나타낼 수 있다.'

하지만 그는 소수와 마찬가지로 이런 도형수 주장에 대해 어떤 증명도 남기지 않았습니다. 그렇기 때문에 **그 증명은 다음 세대 다른 연구자들 몫**이 되었습니다. 사각수 증명은 1772년 프랑스 수학자이자 천문학자인 조제프 루이 라그랑주Joseph Louis Lagrange, 1736~1813가, 삼각수 증명은 1798년 3-3에서 등장한 르장드르가 성공했습니다. 그리고 1813년 프랑스 수학자 오귀스탱 루이 코시Augustin Louis, Baron Cauchy, 1789~1857가 이를 일반화하는 증명을 완성했습니다.

‘모든 자연수는 3개 이하 삼각수 합으로 표현할 수 있다?’

삼각수 의 경우를 보면

||

1, 3, 6, 10, 15, 21, ⋯

자연수	삼각수의 합
1	1
2	1 + 1
3	3
4	1 + 3
5	1 + 1 + 3
6	6
7	1 + 6
8	1 + 1 + 6
9	3 + 6
10	10
11	1 + 10
12	1 + 1 + 10
13	3 + 10
14	1 + 3 + 10
15	15
16	1 + 15
17	1 + 1 + 15
18	3 + 15
19	1 + 3 + 15
20	10 + 10

확실히 20까지는
3개 이하 삼각수 합으로
표현할 수 있다.

5 7

삼각수의 확장형

사면체수

지금까지 도형수는 삼각수, 사각수 등과 같이 평면 위, 즉 2차원에서 표현되는 수였습니다. '2차원에서 나타낼 수 있다면 3차원으로 표현할 수 있는 수도 있지 않을까?'라는 질문에 지금부터 **사면체수**로 대답합니다. 먼저 **정사면체란 네 개 면 모두가 정삼각형으로 이루어진 입체도형**을 말합니다. **오른쪽 페이지**에서 볼 수 있듯, 사면체수는

$$1 = 1$$
$$1 + 3 = 4$$
$$1 + 3 + 6 = 10$$
$$1 + 3 + 6 + 10 = 20$$
$$1 + 3 + 6 + 10 + 15 = 35$$

처럼 **1부터 시작하는 삼각수 합**으로 이루어져 있습니다.

사면체수는 **어떤 집합에서 3개 원소를 추출한 조합 수**와 같습니다. 이는 5-3에서 소개한 '어떤 집합에서 원소 2개를 꺼낸 조합 수와 같다'는 삼각수에 대응합니다. 원소 A, B, C로 이루어진 집합에서 3개를 추출하는 방법은 원소 전부를 그대로 꺼내기 때문에 한 가지밖에 없습니다. 그리고 원소 A, B, C, D 4개의 원소로 이루어진 집합에서 3개를 선택하는 방법은 ABC, BCD, ACD, ABD로 네 가지입니다. 5-3 설명처럼 이는 'n개 원소에서 3개를 선택한다'라는 의미이기 때문에 앞과 동일한 기호를 사용하여,

$${}_3C_3 = 1,\ {}_4C_3 = 4,\ {}_5C_3 = 10,\ {}_6C_3 = 20,\ \cdots$$

로 나타낼 수 있습니다.

사면체수

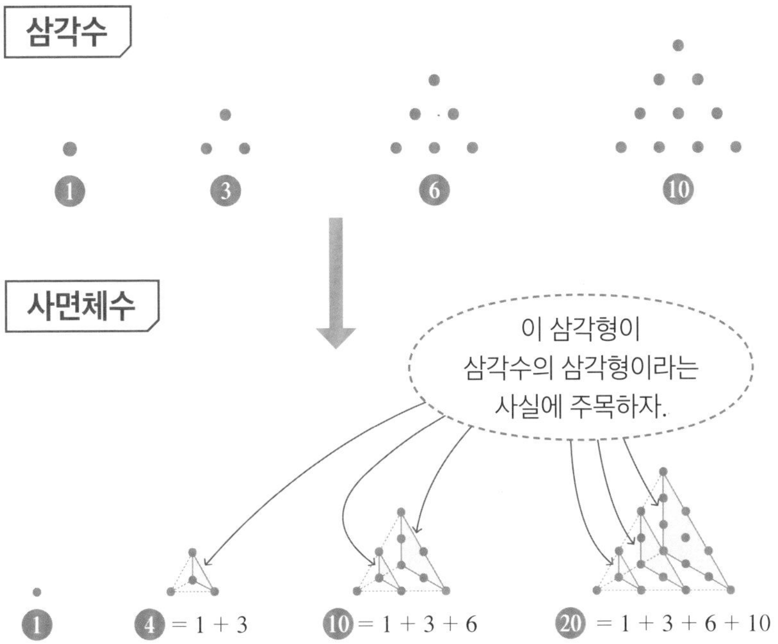

사면체수는 어떤 집합에서 세 개 원소를 선택하는 조합 수

삼각형

${}_nC_2(n = 2, 3, 4, \cdots)$

⟶ 두 개를 꺼내는 조합

${}_2C_2 = 1, {}_3C_2 = 3, {}_4C_2 = 6, \cdots$

↓

사면체수

${}_nC_3(n = 3, 4, 5, \cdots)$

${}_3C_3 = 1, {}_4C_3 = 4, {}_5C_3 = 10, \cdots$

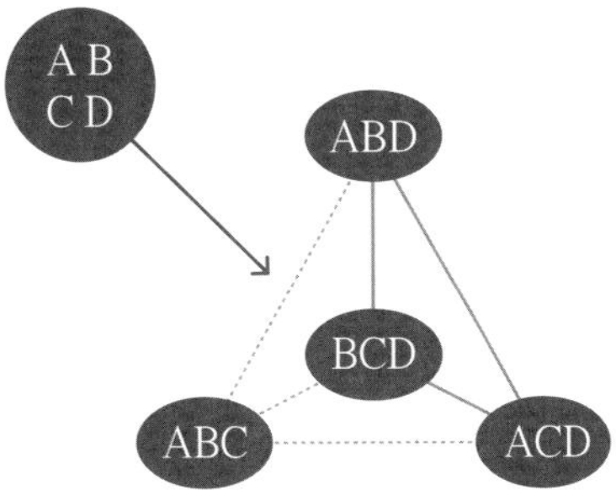

사면체수는 삼각수의 '확장형'이다.

5-8

제곱수의 3차원 버전

세제곱수

5-4에서 제곱수(사각수)를 설명했는데, 이번에는 3차원 버전인 **세제곱수**를 알아보겠습니다. 세제곱수는 **정육면체를 그리며 생성되는 수**를 의미합니다. 실제로 세제곱수 예는 **오른쪽 페이지**처럼 1, 8, 27, 64, 125, 216, …이 됩니다. 세제곱수는 1^3, 2^3, 3^3, 4^3, 5^3, 6^3, …이라는 표현이 더 이해하기 쉬울지도 모릅니다. 지금까지와 마찬가지로 세제곱수를 자연수 합으로 나타내면, $1^3 = 1$, $2^3 = 1 + 7$, $3^3 = 1 + 7 + 19$, …이 되는데, 세제곱수를 보다 직관적이고 아름답게 표기하는 방법이 있습니다. 그 방법은 바로 아래와 같습니다.

$$1^3 = 1$$
$$2^3 = 3 + 5$$
$$3^3 = 7 + 9 + 11$$
$$4^3 = 13 + 15 + 17 + 19$$
$$5^3 = 21 + 23 + 25 + 27 + 29$$

이 식은 5-4에서 설명한 '홀수 합'의 일부로 이루어져 있습니다. 이를 통해 **제곱수(사각수)와 세제곱수의 사이에 어떠한 관계를 유도할 수 있습니다.** 이 부분은 다음 절에서 설명하겠습니다.

세제곱수

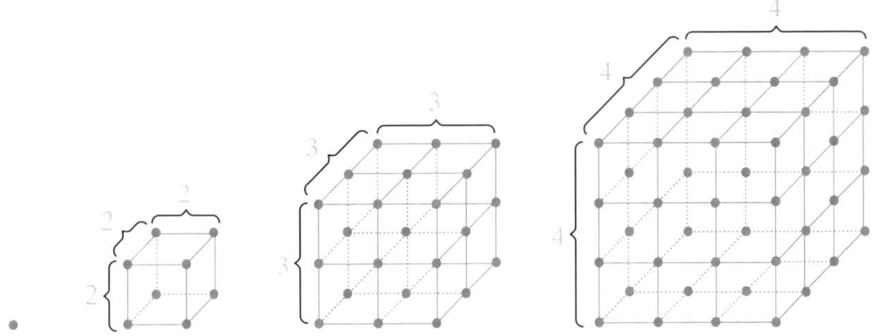

1^3	2^3	3^3	4^3
‖	‖	‖	‖
1	8	27	64

홀수의 합과 세제곱수의 관계

1개	2개	3개	4개	
1	3 + 5	7 + 9 + 11	13 + 15 + 17 + 19	21⋯
↓	↓	↓	↓	
1	8	27	64	

$1^3 = 1 \qquad = 1$

1을 이동

$2^3 = 4 + 4 \qquad = 3 + 5$

2를 이동

$3^3 = 9 + 9 + 9 \qquad = 7 + 9 + 11$

1을 이동

$4^3 = 16 + 16 + 16 + 16 \qquad = 13 + 15 + 17 + 19$

3을 이동

> 나열된 홀수를 처음부터 순서대로 1개, 2개, 3개, ⋯씩 나누어 더하면 세제곱수가 된다.

5 9

'홀수 합'을 완성하는 관계

제곱수와 세제곱수

5-8에서 세제곱수는

$$1^3 = 1,\ 2^3 = 3 + 5,\ 3^3 = 7 + 9 + 11,\ \cdots$$

로 나타낼 수 있다는 것을 알았습니다. 우변은 일부 홀수 합으로 이루어져 있는데, 자세히 보면 **자신보다 작은 모든 세제곱수를 더하면 홀수 합이 완성된다**는 사실을 알 수 있습니다. 즉,

$$1^3 = 1$$

$$1^3 + 2^3 = 1 + (3 + 5)$$

$$1^3 + 2^3 + 3^3 = 1 + (3 + 5) + (7 + 19 + 11)$$

이 되는 것입니다. 5-4 설명처럼 홀수 합은

$$1 = 1^2$$

$$1 + (3 + 5) = (1 + 2)^2 = 3^2$$

$$1 + (3 + 5) + (7 + 9 + 11) = (1 + 2 + 3)^2 = 6^2$$

처럼 제곱수로 나타낼 수도 있기 때문에

$$1^3 = 1^2$$

$$1^3 + 2^3 = (1 + 2)^2 = 3^2$$

$$1^3 + 2^3 + 3^3 = (1 + 2 + 3)^2 = 6^2$$

가 됩니다. 마찬가지로

$$1^3 + 2^3 + 3^3 + 4^3 = (1 + 2 + 3 + 4)^2 = 10^2$$

관계로 나타낼 수 있습니다. 아직 이 관계가 완벽하게 와닿지 않은 분은 직접 계산해보는 것도 좋은 방법입니다. 이 책에서는 제곱수 합을 4까지밖에 다루지 않지만, 이런 관계는 어디까지 계속될까요? 실제로 **제곱수와 세제곱수 관계는 무한히 이어집니다.** 다음 절에서 좀 더 알아보도록 하겠습니다.

● '제곱수'와 '세제곱수' 관계

$$1^3 + 2^3 + 3^3 + \cdots + n^3 = (1 + 2 + 3 + \cdots + n)^2 \cdots \text{Ⅰ}$$

를 귀납법※으로 증명한다. 다만 $n = 1, 2, 3, \cdots$이다.

❶ $n = 1$일 때, 식 Ⅰ의 (좌변) = (우변) = 1 이 성립한다.
❷ $n = k$일 때 성립한다고 가정하면,
$1^3 + 2^3 + \cdots + k^3 = (1 + 2 + 3 + \cdots + k)^2 \cdots$ Ⅱ가 도출된다.

$n = k + 1$일 때,

Ⅰ 좌변

$= 1^3 + 2^3 + \cdots + k^3 + (k + 1)^3$

$= (1 + 2 + \cdots + k)^2 + (k + 1)^3$

(Ⅱ의 조건을 대입한다.)

Ⅱ 우변

$= (1 + 2 + \cdots + k + k + 1)^2$

$= \{(1 + 2 + \cdots + k) + (k + 1)\}^2$

$= (1 + 2 + \cdots + k)^2 + 2(1 + 2 + 3 + \cdots + k)(k + 1) + (k + 1)^2$

$= (1 + 2 + \cdots + k)^2 + 2 \cdot \dfrac{k(k + 1)}{2}(k + 1) + (k + 1)^2$

$= (1 + 2 + \cdots + k)^2 + k(k + 1)^2 + (k + 1)^2$

$= (1 + 2 + \cdots + k)^2 + (k + 1)^3$

(삼각수의 공식 $1 + 2 + \cdots + k = \dfrac{k(k + 1)}{2}$ 을 사용한다.)

❷에서 임의의 수 k가 성립 ⟶ $k + 1$도 성립
❶에서 $n = 1$로 성립하기 때문에, ❶과 ❷를 통해, 1 2 3 4 5 ⋯
라는 '모든 자연수에서 성립한다'라고 할 수 있다.

※ 귀납법은 개별의 구체적인 사실로 일반적인 명제 또는 규칙을 유도하는 방법이다.

5 10

간단해지는 계산

제곱수는 세제곱수의 합

5-9 설명처럼 제곱수와 세제곱수 관계는

> '1^3에서 n^3까지 세제곱수 합은 1에서 n까지 합의 제곱이다.'

라는 일반적인 관계로 확장할 수 있습니다. 즉 5-9 마지막 설명처럼 **이 관계는 모든 n에서 성립한다**는 것입니다. 이 관계를 수식으로 나타내면 아래와 같이 됩니다.

$$1^3 + 2^3 + 3^3 + \cdots + n^3 = (1 + 2 + 3 + \cdots + n)^2$$

또한 5-2에서 배운 삼각수 공식, $1 + 2 + 3 + \cdots + n = \frac{(n + 1)}{2}$을 활용하여 우변에 그대로 대입하면 이렇게 나타낼 수 있습니다.

$$1^3 + 2^3 + 3^3 + \cdots + n^3 = \left\{\frac{n(n + 1)}{2}\right\}^2$$

좌변 식은 세제곱수를 하나하나 더해야만 하기 때문에 매우 번거롭습니다. 반대로 우변은 어떤 큰 수라도 n에 대입하기만 하면 됩니다. 이 식을 활용하면 **세제곱수 합을 하나하나 계산하는 것보다 빠르게 답을 도출할 수 있습니다.** 세제곱수 합을 계산하는 수고스러움이 제곱수와 **관계를 통해 간단해진다는 사실**이 매우 신기하게 느껴집니다.

번거로운 세제곱 합을 간단히 계산하다

> 1^3에서 n^3까지 세제곱수 합은
> 1에서 n까지 합의 제곱이다.

$$1^3 + 2^3 + 3^3 + \cdots + n^3 = (1 + 2 + 3 + \cdots + n)^2$$

삼각수 공식을 대입

$$1^3 + 2^3 + 3^3 + \cdots + n^3 = \left\{\frac{n(n+1)}{2}\right\}^2$$

〈예〉 $n = 100$인 경우, 좌변과 우변 계산 횟수를 비교해보자.

$$(\text{좌변}) = 1^3 + 2^3 + 3^3 + \cdots + 100^3$$

곱셈 200회

$$= 1 + 8 + 27 + \cdots + 100^3$$

덧셈 99회

$$= 25502500$$

합계 299회

$$(\text{좌변}) = \left\{\frac{100 \times (100 + 1)}{2}\right\}^2$$

곱셈 2회, 덧셈 1회

$$= 5050^2$$

곱셈 1회

$$= 25502500$$

합계 4회

위와 같은 예에서 공식의 편리함을 다시 한 번 깨닫는다.

5 11

모든 자연수를 'n제곱 합'으로 표현할 수 있을까?

웨어링 문제

1770년, 영국 수학자 에드워드 웨어링Edward Waring은 3-11에 소개한 **골드바흐 추측**과 비슷한, 다음과 같은 주장을 했습니다. 이를 **웨어링 문제**라고 부릅니다.

'모든 자연수는 많아도 4개 제곱수 합,
또는 9개 세제곱수 합으로 나타낼 수 있다.'

먼저 제곱수에 대해 살펴봅시다. **오른쪽 페이지**처럼 1부터 15까지는 **네 수 합으로 충분**히 표현할 수 있습니다. 그러나 네 개 제곱수를 전부 사용한 수는 많지 않습니다. 이는 5-6에서 설명한 페르마 추측 중 사각수(제곱수) 경우와 일치하며, 1772년 모든 자연수는 4개 제곱수로 충분히 표현이 가능하다는 사실을 라그랑주가 증명했습니다.

그렇다면 세제곱수는 어떨까요? 위 예와 마찬가지로 100까지 수를 생각해 봅시다. **'23' 경우에만 9개 세제곱수가 필요하고, 나머지 수는 모두 8개 이하 세제곱수로 나타낼 수 있습니다.** 웨어링이 문제를 제기한 후 약 170년 후인 1939년, 9개 세제곱수가 필요한 수는 '23'과 '239'밖에 없으며, 8개 세제곱수로 이루어진 수도 15개밖에 존재하지 않는다는 사실이 밝혀졌습니다. 따라서 8개 세제곱수로 이루어진 최대 수 '454'보다 큰 자연수는 모두 7개 이하 세제곱수 합으로 나타낼 수 있다는 사실을 알 수 있습니다. **큰 수를 나타내는 데 작은 세제곱수로 해결할 수 있다는 사실이 매우 놀랍습니다.**

웨어링 문제는 도형수가 아닌 **네제곱수**도 다룹니다. 네제곱수 이후 다섯제곱수, 여섯제곱수, ……도 **유한개 합으로 모든 자연수를 나타낼 수 있다고 예상**합니다. 현재 20,000제곱수까지 대부분 수는 유한개 합으로 모든 자연수를 나타낼 수 있다는 사실이 증명되었습니다. 다만 모든 자연수가 **19개 이하 네제곱수 합으로 표현된다**는 예상은 아직 증명되지 않았습니다.

자연수는 4개 이하 '제곱수 합'으로 나타낼 수 있다.

$1 = 1^2$	$6 = 2^2 + 1^2 + 1^2$	$11 = 3^2 + 1^2 + 1^2$
$2 = 1^2 + 1^2$	$7 = 2^2 + 1^2 + 1^2 + 1^2$	$12 = 3^2 + 1^2 + 1^2 + 1^2$
$3 = 1^2 + 1^2 + 1^2$	$8 = 2^2 + 2^2$	$13 = 3^2 + 2^2$
$4 = 2^2$	$9 = 3^2$	$14 = 3^2 + 2^2 + 1^2$
$5 = 2^2 + 1^2$	$10 = 3^2 + 1^2$	$15 = 3^2 + 2^2 + 1^2 + 1^2$

자연수는 9개 이하 '세제곱수 합'으로 나타낼 수 있다.

$1 = 1^3$

$2 = 1^3 + 1^3$

$3 = 1^3 + 1^3 + 1^3$

⋮

$10 = 2^3 + 1^3 + 1^3$

⋮

$23 = \underbrace{2^3 + 2^3 + 1^3 + 1^3 + 1^3 + 1^3 + 1^3 + 1^3 + 1^3}_{9개\ 필요}$

⋮

$8042 = \underbrace{19^3 + 10^3 + 4^3 + 4^3 + 3^3 + 3^3 + 1^3}_{7개\ 필요}$

⋮

8개 필요

'15'	'22'	'50'	'114'	'167'
'175'	'186'	'212'	'231'	'238'
'303'	'364'	'420'	'428'	'454'

세제곱수가 9개 필요한 수는 '23'과 '239'뿐이다.
세제곱수가 7개 필요한 수는 '8042'뿐이다.
세제곱수가 8개 필요한 수는 위의 15개뿐이다.

Column 5 그리운 '데라야마 계산법'

수의 사칙연산에 문학적 의미를 전혀 고민해보지 않은 순수한 대학생이었던 필자가 우연히 데라야마 슈지寺山修司, 1935~1983 책《누가 고향을 잊을 수 있으리오》를 읽고, 무방비 상태로 다음 구절을 접했을 때의 충격을 잊을 수 없습니다.

'수학 답안지에 〈2二니 더하기 2二니는 얼마?〉라는 기초 문제가 나왔을 때 〈짐荷니과 짐荷니〉이 〈죽음死시〉이라는 생각에 견딜 수 없어, 적어도 그것이 〈탄생産산〉이지 않으면 안 된다고 생각한 세상에 대한 나의 깨달음은 〈2二니 더하기 2二니는 3三산이 아니다〉라며 비웃음거리가 되었다. 하지만 수 속 예언을 이해하지 못하는 자가 어떻게 세계를 헤아릴 수 있으리오. 진리란 마치 수의 그늘에 숨어 있는 도깨비의 서사시와 같다.'

수학 이론과 정반대 분야였음에도 불구하고 **'뱀을 부리는 사람'과 같은 '말솜씨'를 추구한 데라야마 슈지다운 묘한 박력**이 아직도 느껴져 그리움이 사무칩니다.

4는 죽음死시, 3은 탄생産산이므로
2와 2는 4四시가 아니라
3三산이 아니면 안 된다.

6

놀랍도록 신기한 '마방진'

6장에서는 흐름을 살짝 바꾸어 마방진을 소개합니다. 육각마방진을 포함한 다양한 마방진 성질과 특징, 그리고 미해결 문제도 알아봅니다. 분명 여러분은 마방진의 신비로운 매력에서 빠져나오지 못할 것입니다.

6-1

오직 하나뿐인 '3×3'

마방진

5장에서는 **정사각형을 만드는 수**인 **사각수**를 살펴보았습니다. 이번 장에서는 그 **정사각형을 분할하여 얻을 수 있는 흥미로운 수 표**를 소개하겠습니다. 지금부터 나누어진 가장 작은 정사각형을 **셀**이라고 부르기로 합시다. 이제 소개할 수 표는 **1부터 시작하는 자연수를 셀 안에 기입하여, 각 행과 열, 그리고 두 대각선에 위치한 수의 합을 같게 만드는 것**입니다. 이러한 표를 **마방진**이라고 부릅니다. 백문이 불여일견, 오른쪽 **3 × 3 마방진**을 보겠습니다. 각 행 합은

$$2 + 9 + 4 = 7 + 5 + 3 = 6 + 1 + 8 = 15$$

로 모두 15가 됩니다. 또 각 열의 합도

$$2 + 7 + 6 = 9 + 5 + 1 = 4 + 3 + 8 = 15$$

로 모두 같으며, 두 대각선의 합도

$$2 + 5 + 8 = 4 + 5 + 6 = 15$$

가 되어 마방진이 된다는 사실을 알 수 있습니다. 3 × 3 마방진 기원은 약 2500년 전까지 거슬러 올라간 고대 중국이라고 알려져 있는데, 이 시기 마방진은 수 세기 동안 운명을 관장하는 신비의 상징이었습니다.

또한 **3 × 3 마방진을 회전하거나 거울에 비추는 등 조작하여 얻을 수 있는 마방진도 합의 조합이 모두 같아집니다.** 실제로 각 행과 열, 대각선에 위치한 숫자 합을 구해보면 더 명확해지겠지요. 다음 절인 6-2에서 이 '합'에 초점을 맞추어 자세하게 알아보겠습니다.

◎ 3 × 3 마방진

2	9	4
7	5	3
6	1	8

가로, 세로, 대각선 합이
모두 15가 된다.
다만 3 × 3 마방진은
한 가지밖에 존재하지 않는다.

◎ 마방진을 회전하거나 반전해도…

4	3	8
9	5	1
2	7	6

오른쪽으로 90° 회전한다.

4	9	2
3	5	7
8	1	6

왼쪽에 거울을 두고 비추어 본다.

2	9	4
7	5	3
6	1	8

회전하거나 반전해 일치한다면 동일한 마방진으로 취급한다.

6-2

행과 열, 대각선 수를 각각 더하다

마방진 상수

각 변에 n개 셀을 이용하여 만든, $n \times n = n^2$개 셀을 가진 마방진을 일반적으로 **n차 마방진**이라고 부릅니다. 6-1에서 본 마방진은 3×3이므로 **3차 마방진**이 됩니다. 마방진을 모두 채우기 위해서는 1부터 n^2까지의 자연수가 필요합니다. 그리고 각 행과 열, 대각선 수를 더하여 얻은 값을 **마방진 상수**라고 합니다. 6-1의 3차 마방진 경우 마방진 상수는 15가 되겠지요. 마방진 상수는 '1에서 n^2까지 합을 n으로 나눈 수'와 같습니다. 이를 6-1에서 소개한 '$n = 3$'인 경우를 살펴보겠습니다(**오른쪽 페이지** 참고). 마방진 상수를 M이라고 하면,

$$M = a + b + c = d + e + f = g + h + i$$

가 성립한다는 사실을 알 수 있습니다. 한편,

$$a + b + c + \cdots + i = 1 + 2 + 3 + \cdots + 9 = 1 + 2 + 3 + \cdots + 3^2$$

이기 때문에

$$3M = 1 + 2 + 3 + \cdots + 3^2$$

을 유도할 수 있습니다. 따라서

$$M = \frac{1 + 2 + 3 + \cdots + 3^2}{3} = 15$$

를 얻을 수 있습니다. 위와 같은 방법으로 일반적인 n차 마방진 상수 M은

$$M = \frac{1 + 2 + 3 + \cdots + n^2}{n}$$

이 된다는 것을 알 수 있습니다. 삼각수 공식 '$1 + 2 + \cdots + n = \frac{n(n+1)}{2}$'

에 n^2을 대입한 식, '$1 + 2 + \cdots + n^2 = \dfrac{n^2(n^2+1)}{2}$'을 분자에 대입하면,

$$M = \frac{\frac{n^2(n^2+1)}{2}}{n} = \frac{n^2(n^2+1)}{2n} = \frac{n(n^2+1)}{2}$$

꼴로 다시 쓸 수 있습니다.

마방진 상수란?

각 행과 열, 그리고 두 개 대각선에 위치한 수의 합을 의미한다.

a	***b***	***c***
d	***e***	***f***
g	***h***	***i***

$a, b, c, \cdots, i$에는 1부터 9까지 수가 들어간다.

마방진 상수를 M이라고 하면,

$$\begin{aligned} M &= a + b + c \\ &= d + e + f \\ &= g + h + i \\ &= a + d + g \\ &= b + e + h \\ &= c + f + i \\ &= a + e + i \\ &= c + e + g \end{aligned}$$

$$\begin{aligned} 3M &= a + b + c \cdots + h + i \\ &= 1 + 2 + \cdots + 9 \leftarrow 3^2 \end{aligned}$$

$$M = \frac{1 + 2 + \cdots + 9}{3} = 15$$

일반적으로

$$\begin{aligned} M &= \frac{1 + 2 + 3 + \cdots + n^2}{n} \\ &= \frac{\frac{n^2(n^2+1)}{2}}{n} = \frac{n^2(n^2+1)}{2n} \\ &= \frac{n(n^2+1)}{2} \end{aligned}$$

분자는 삼각수 공식으로 계산할 수 있다.

5차부터 폭증하는 마방진의 개수

낮은 차수 마방진은?

이번 장에서는 1차부터 5차까지 **낮은 차수 마방진**에 대해 알아보겠습니다.

1차 마방진(이라고도 부르지 않지만)은 당연히 수 하나로 이루어져 있습니다(**오른쪽 페이지 참고**, 다른 차수 마방진도 이하 동일). **2차** 마방진은 4개 수, 1, 2, 3, 4로 이루어지는데, 이런 2 × 2 마방진은 존재하지 않습니다. 약간 시행착오를 반복하면 알 수 있는 사실입니다. 2 × 2 마방진 상수는

$$\frac{2 \times (2^2 + 1)}{2} = 5$$

가 되어야만 합니다. 왼쪽 위에 1을 넣으면 왼쪽 아래는 4가 되는데, 오른쪽 위 역시 4가 들어가야 하기 때문에 마방진이 완성되지 않습니다. **3차** 마방진은 6-1에서 보았듯 오직 1개만 존재합니다. **4차** 마방진은 880개 존재한다고 알려져 있습니다. 이는 1693년 처음으로 밝혀졌습니다. 4차 마방진 중에서도 흥미로운 마방진을 **오른쪽 페이지**에 소개합니다(흥미로운 이유는 6-4에서 설명하겠습니다). 4차 마방진 상수는

$$\frac{4 \times (4^2 + 1)}{2} = 2 \times 17 = 34$$

로 계산할 수 있습니다. **5차** 마방진은 순식간에 개수가 증가합니다. 최근 컴퓨터 계산을 통해 구한 5차 마방진 수는 무려 275,305,224개나 됩니다.

1차

1

2차

1	2
3	4

1	4
2	3

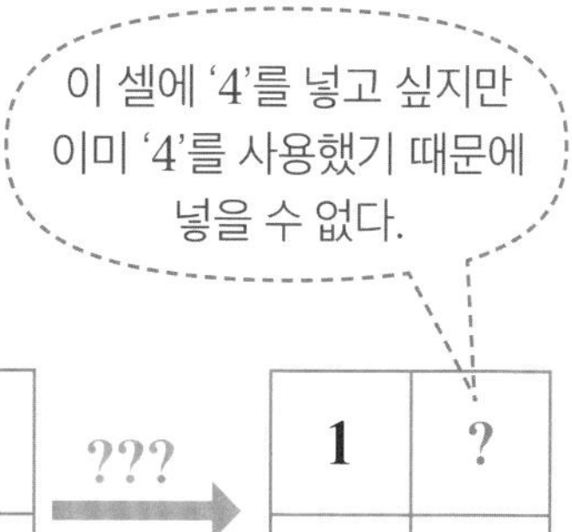

1	?
4	

마방진 상수 $= \frac{2 \times (2^2 + 1)}{2} = 5$

3차 1개 (6-1 참고)

2	9	4
7	5	3
6	1	8

마방진 상수
= 15

5차 마방진은
275305224개나
존재한다.

4차 880개

15	10	3	6
4	5	16	9
14	11	2	7
1	8	13	12

마방진 상수
= 34

6 4

작은 방진에 숨은 비밀

신비한 4차 마방진

6-3에서 '4차 마방진 개수는 880개이며, 마방진 상수는 34'라는 사실을 알았습니다. 이번 절에서는 4차 마방진이 가진 **마방진 상수 이외의 특징**을 설명하겠습니다. 다만 모든 4차 마방진이 이런 성질을 가지는 것은 아니기 때문에 주의해야 합니다.

오른쪽 페이지 4차 마방진은 2행 2열인 9개의 **작은 방진**을 포함합니다. 이 작은 방진 네 수의 합은 모두 원래 마방진 상수와 같은 '34'가 됩니다. 예를 들어 왼쪽 위 2 × 2 작은 방진 경우,

15 + 10 + 4 + 5 = 34

가 됩니다.

다음, 이 마방진에 4개 존재하는 3행 3열로 이루어진 작은 방진 네 모퉁이 합을 계산해봅시다. 네 모퉁이 수의 합도 마방진 상수 '34'와 같아집니다. 예를 들어 오른쪽 아래 3 × 3 작은 방진 경우,

5 + 9 + 8 + 12 = 34

가 됩니다.

또한 대각선 이외의 어떤 방향 사선 합도 마방진 상수인 '34'와 같습니다. 물론 마방진이기에 대각선 합도 '34'입니다. 예를 들어 왼쪽 위에서 오른쪽 아래 방향 사선 합은(대각선을 포함하여) 4종류가 있으며, 모두 '34'로 일치합니다. 마찬가지로 오른쪽 위에서 왼쪽 아래 방향 사선 4종류의 합도 모두 '34'입니다.

2 × 2 작은 방진

15	10	3	6
4	5	16	9
14	11	2	7
1	8	13	12

15	10
4	5

15 + 10 + 4 + 5
= 34

11	12
8	13

11 + 2 + 8 + 13
= 34

3 × 3 작은 방진 네 모퉁이

15	10	3	6
4	5	16	9
14	11	2	7
1	8	13	12

5	16	9
11	2	7
8	13	12

5 + 9 + 8 + 12
= 34

사선 방향 합

잠깐 보아서는 알기 어렵겠지만,
매우 아름다운 마방진이다.

15	10	3	6
4	5	16	9
14	11	2	7
1	8	13	12
			6

4 + 11 + 13 + 6
= 34

이곳에 6이 있다고 생각한다.

6 5

중심을 기준으로 대칭인 마방진

대칭마방진

이번 절에서는 **신기한 성질을 가진 5차 마방진** 몇 가지를 살펴보겠습니다.

가장 먼저 **오른쪽 페이지** 위에 그려진 5차 마방진입니다. 이 마방진은 가운데 '13'을 중심으로 대칭하는 어떤 두 수를 더해도 '26'이 됩니다. 즉 중심인 '13'의 2배가 된다고 할 수 있습니다. 예를 들어

17 + 9 = 25 + 1 = 20 + 6 = 26

인 것이지요.

이 5차 마방진은 '26'에서 각 셀의 수를 빼서 만들어진 마방진이 **원래 마방진을 180도 회전한 모양과 같아진다**는 점도 흥미롭습니다. 이처럼 대칭성을 가진 마방진을 일반적으로 **대칭마방진**이라고 부르며, 5차 마방진 이외 차수에서도 존재합니다. 예를 들어 가장 간단한 대칭마방진 예는 6-1에 소개된 3차 마방진입니다. 중심에 대해 대칭인 어떤 두 수를 더하면 '10', 즉 중심 수 '5'의 2배가 된다는 사실을 알 수 있습니다.

하지만 **모든 마방진이 대칭인 것은 아닙니다.** 5차 마방진 중 대칭이 아닌 마방진을 **오른쪽 페이지 아래**에서 볼 수 있습니다. 이 5차 마방진 각 셀 수를 '26'에서 뺀 후 얻은 마방진은 원래 마방진을 180도 회전해도 얻을 수 없습니다.

대칭마방진(5차 마방진 경우)

17	14	6	3	25
8	5	22	19	11
24	16	13	10	2
15	7	4	21	18
1	23	20	12	9

9	12	20	23	1
18	21	4	7	15
2	10	13	16	24
11	19	22	5	8
25	3	6	14	17

26에서 각 셀 수를 뺀다.

중심을 기준으로 대칭인 위치의 수 합은 모두 26이다.

원래 마방진을 180도 회전한 모양과 같다.

대칭하지 않는 마방진

1	22	21	19	2
14	4	20	12	15
18	16	11	7	13
9	17	5	24	10
23	6	8	3	25

$2 + 23 = 25$
$4 + 24 = 28$

중심을 기준으로 대칭하는 위치의 수 합이 같지 않다.

26에서 각 셀 안의 수를 빼도, 원래 마방진을 180도 회전시킨 것과 일치하지 않는다.

홀수 마방진 만드는 법

앞에서 5차 마방진을 소개했는데, 그렇다면 6차, 7차, …로 이어지는 높은 차수 마방진도 존재할까요? 결론부터 말하면 마방진은 크기에 제한이 없다고 할 수 있습니다. 즉 **2차를 제외한 모든 차수 마방진이 존재하는 것**입니다. 차수가 높아짐에 따라 약간 수고가 들지만 어떤 차수 마방진도 만들 수 있습니다. 마방진 차수가 짝수인지, 홀수인지에 따라 방법은 달라도 분명 **마방진을 만드는 방법은 존재**합니다. 7차 마방진을 예로 들어, 홀수 마방진을 만드는 방법이 간단하다는 것을 설명하겠습니다. 이 방법은 **모든 홀수 마방진에 적용**할 수 있습니다.

먼저 가장 윗줄 가운데 셀에 숫자 '1'을 적습니다. 그리고 오른쪽 위쪽 사선 방향으로 숫자를 차례대로 적습니다. 숫자가 셀 밖으로 나간다면 그 열 반대쪽 끝에 해당 숫자를 적습니다. 이해가 잘 안 된다면 **오른쪽 페이지** 마방진을 보도록 합시다. 숫자 '2'가 셀 밖으로 벗어났기 때문에 해당 열 제일 아래 행으로 이동시킵니다. 그리고 계속해서 오른쪽 위쪽 사선 방향으로 '2', '3', '4'를 적습니다. '5'는 셀 밖으로 나갔기 때문에 반대 측으로 이동시킵니다. 그리고 다시 오른쪽 위쪽 사선 방향으로 '6', '7', …을 계속 써나갑니다. 그러나 '8'을 써야 할 곳에 이미 '1'이 채워져 있습니다. 이처럼 이미 수가 있어 진행하지 못할 때는 바로 밑 셀에 적습니다. 이 경우는 '7' 아래에 '8'을 쓰면 되는 것입니다. 이와 같이 셀에 숫자를 기입하며 **모든 셀이 채워지면 마방진이 완성**됩니다.

다만 모든 마방진이 이와 같은 방법으로 만들어지는 것은 아닙니다. 특히 짝수 마방진을 만드는 방법은 난이도가 높아 이 책에서는 다루지 않습니다.

● '7차 마방진'을 만드는 방법

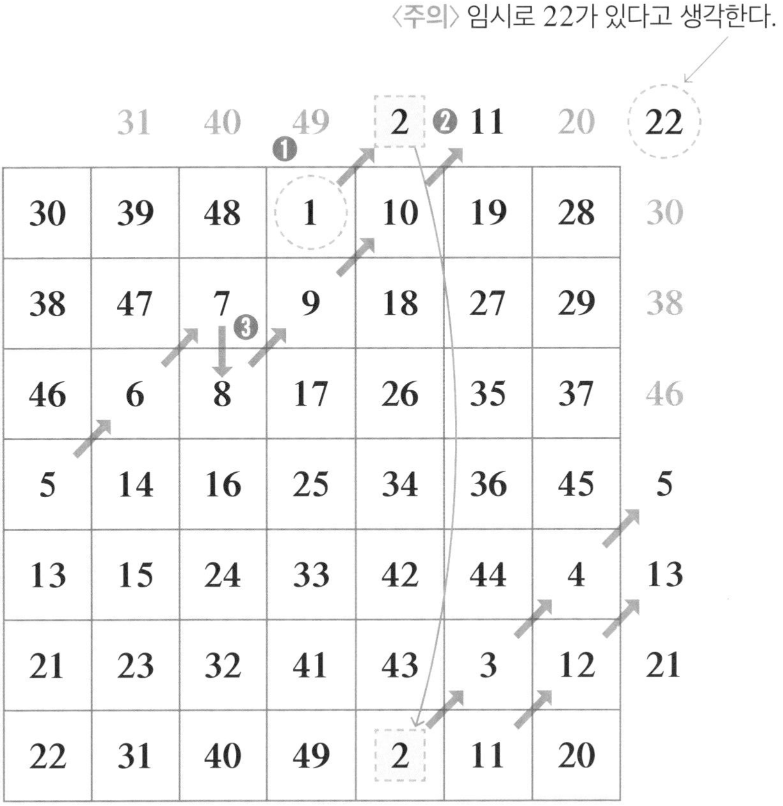

❶ 최상단 행의 가운데 셀에 '1'을 기입하고, 오른쪽 위쪽 방향으로 숫자를 써 넣는다.
❷ '2'가 셀 밖으로 벗어났기 때문에 반대 측으로 이동시킨다.
❸ '8'이 들어가야 할 자리에 이미 '1'이 있기 때문에, '7' 아래 셀로 이동시킨다.

> ❶~❸을 반복하면 7차 마방진을 만들 수 있다.

6 7

라틴 방진, 별 마방진, 입체마방진

다양한 마방진

지금까지 알아본 마방진은 '각 행과 열, 그리고 두 대각선에 위치한 수 합이 모두 같다'라는 신기한 성질 때문에 '**魔**마귀 마'방진이라고 부릅니다. 하지만 이런 신기한 성질을 가지고 있지 않아도 흥미로운 방진이 존재합니다. 그중 하나인 **라틴 방진**을 소개합니다.

먼저 **오른쪽 페이지**에 나온 3차 마방진과 4차 마방진을 봅시다. 두 방진의 공통적 특징은 무엇일까요? 바로 각 행과 열에 같은 숫자가 한 번만 나온다는 것입니다. 이처럼 1부터 n까지 수를 $n \times n$개 셀의 각 행과 열에 중복되지 않도록 배치한 방진을 라틴 방진이라고 부릅니다.

라틴 방진을 만드는 방법은 마방진보다 훨씬 간단합니다. **오른쪽 페이지**를 보면, 임의의 수 n에 대해서도 동일하다는 사실을 알 수 있지요. 라틴 방진을 만들기 위해서는 제일 윗줄에 가로로 1, 2, 3, ⋯, n을 적고, 그 아랫줄은 오른쪽 또는 왼쪽으로 한 칸씩 위치를 어긋나게 적으면 됩니다. **오른쪽 페이지**와 같은 방법으로 하면 n차 라틴 방진을 만들 수 있습니다.

'방진' 모양을 고집하지 않는 것도 있습니다. 예를 들면 **오른쪽 페이지**와 같은 별 모양을 한 **별 마방진**입니다.

또한 정육면체를 n^3개 셀로 나누어 1부터 n^3까지 수를 배치한 **입체마방진**도 연구하고 있습니다. 입체마방진 경우 2차부터 4차까지는 존재하지 않는다고 알려져 있습니다. 입체마방진 존재가 처음 발표된 것은 1905년으로, 비공식이지만 8차 입체마방진이라고 여겨지고 있습니다.

라틴 방진

3차

1	2	3
2	3	1
3	1	2

4차

1	2	3	4
2	3	4	1
3	4	1	2
4	1	2	3

각 행과 열에
중복은 없다.

n차

1	2	3	⋯	$n-1$	n
2	3	4	⋯	n	1
3	4	5	⋯	1	2
⋮	⋮	⋮		⋮	⋮
n	1	2	⋯	$n-2$	$n-1$

왼쪽과 같은 방법으로
몇 차 라틴 방진이라도
만들 수 있다.

별 마방진

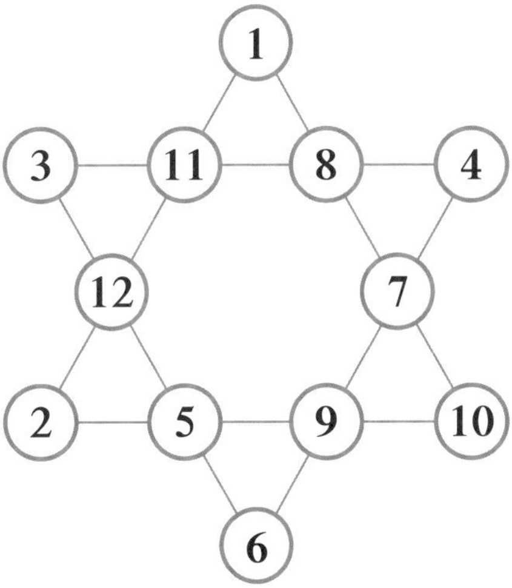

$3 + 11 + 8 + 4 = 26$
$2 + 5 + 9 + 10 = 26$
$1 + 11 + 12 + 2 = 26$
$1 + 8 + 7 + 10 = 26$
$3 + 12 + 5 + 6 = 26$
$4 + 7 + 9 + 6 = 26$

모든 변 합이
26이 된다.

6 8

3차로만 존재하는 육각형

육각마방진

이번에는 육각형으로 이루어진 마방진, **육각마방진**에 대해 알아보겠습니다.

먼저 **2차 육각마방진**을 생각해볼까요. 2차 육각마방진은 **오른쪽 페이지**처럼 7개 육각형으로 구성됩니다. 여기에 1부터 7까지 숫자를 넣어 가로 방향 3종류, 왼쪽 위에서 오른쪽 아래 방향 사선 3종류와 오른쪽 위에서 왼쪽 아래 방향 사선 3종류 수의 합이 모두 같아지는 마방진을 말합니다.

하지만 2차 육각마방진은 어떤 방법으로도 완성되지 않습니다. 예를 들어 왼쪽 위 수를 *a*라고 하면, '오른쪽 옆 *b*'와 '왼쪽 아래 방향 *c*'가 반드시 같아져야만 하기 때문입니다(**오른쪽 페이지**). 따라서 2차 육각마방진은 존재하지 않습니다.

그렇다면 **3차 육각마방진**은 어떨까요? 3차 육각마방진은 **오른쪽 페이지**에서 볼 수 있듯 19개 육각형으로 구성되어 1부터 19까지 숫자가 가로 방향 5종류, 왼쪽 위에서 오른쪽 아래 방향 사선 5종류와 오른쪽 위에서 왼쪽 아래 방향 사선 5종류 수의 합이 모두 같아지는 마방진입니다. 3차 육각마방진은 1910년 미국의 애덤스Adams라는 아마추어 수학자가 연구를 시작하여 1957년 겨우 발견했는데, 답을 작성한 종이를 잃어버려 육각마방진 일부를 알지 못하게 되었습니다. 하지만 그로부터 5년 후, 잃어버린 종잇조각을 발견하여 육각마방진을 완성했다는 에피소드가 있습니다. 이후 **1963년 트리그Trigg가 육각마방진은 3차 이외에 존재하지 않는다는 사실을 증명**했습니다. 그런 의미에서 3차 육각마방진은 매우 중요하다고 할 수 있습니다.

2차 육각마방진

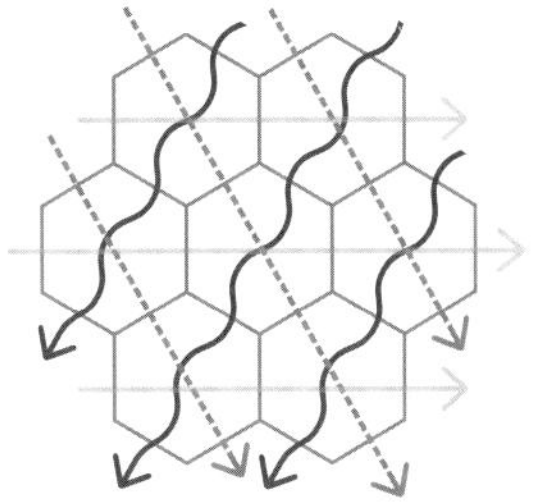

7개 육각형에
1~7 숫자를
넣는다.

아홉 개 방향의 합이 같다

하지만

2차 육각마방진은
존재하지 않는다.

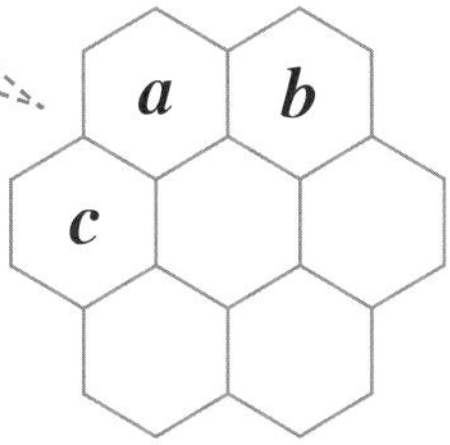

$a + b = a + c$에 의해
$b = c$가 되므로
완성되지 않는다.

3차 육각마방진

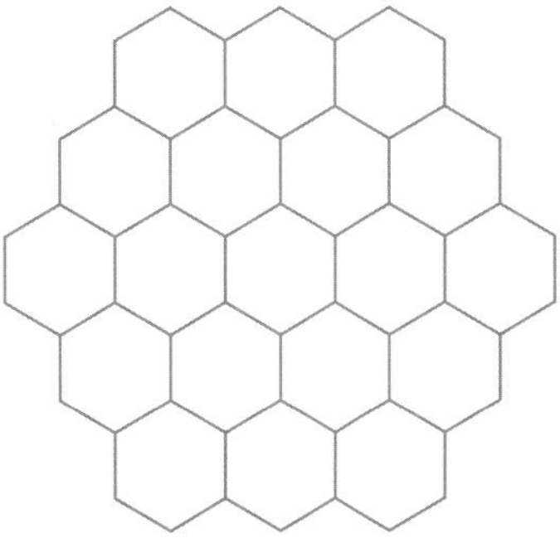

19개 육각형에 1~19 숫자를
넣는다.

〈힌트〉

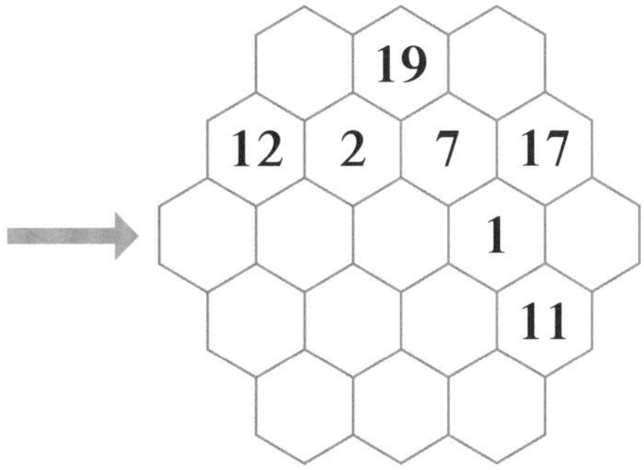

나머지 숫자를 기입하여
마방진을 완성해보자.
(정답은 190쪽)

Column 6 마방진과 행성의 신비한 관계

마방진은 그 신기한 성질 때문에 아득히 먼 과거부터 신비한 존재로 여겨졌습니다. 유대교의 '카발라 가르침'에 의하면 '카메아'라는 특별한 마방진이 토성, 목성, 화성, 금성, 수성, 그리고 태양, 달과도 관련이 있다고 합니다. 《코지엔 일본어 사전(제6판)》에서 카발라는 '유대교 신비주의의 한 가지. 우주와 인간을 신으로부터 10가지 유출물과 관계로 설명한다'라고 적혀 있습니다.

이러한 마방진은 3 × 3인 토성부터 시작하여, 목성 4 × 4, 화성 5 × 5, 금성 6 × 6, 수성 7 × 7, 태양 8 × 8, 달 9 × 9까지 이어집니다. **천체와 연결 지은 마방진은 방진에 기입하는 수를 통해 사물이나 사람에게 행성의 힘을 전달한다고 생각하여, 부적으로 사용**되었다고 합니다.

이와 같이 마방진은 물론 별 마방진도 정말 마술이나 부적에 사용할 것만 같은 모양을 하고 있습니다.

토성 마방진

4	9	2
3	5	7
8	1	6

사진 : NASA

7

원주율의 역사

7장에서는 원과 밀접한 관련이 있는 원주율 π(파이)에 대해 알아봅니다. 특히 π를 나타내는 몇 가지 공식과 컴퓨터를 통한 π 항수 연구 등 π 역사를 자세하게 설명합니다. π 역사는 결국 수학사의 일부분이기도 합니다.

7 1

원의 둘레는 지름의 몇 배일까?

π(파이)

원은 삼각형이나 사각형과 마찬가지로 매우 친숙한 도형 중 하나입니다. 접시와 CD, 자동차 바퀴 등 우리 주변에는 원 모양을 한 물건들이 무수히 많습니다.

원 작도에는 컴퍼스를 사용합니다. 원은 평면에서 하나의 점을 기준으로 같은 거리에 있는 점들을 이어 만든 도형이기 때문에 컴퍼스가 필요합니다. 컴퍼스를 이용하여 원을 그릴 때, 컴퍼스 침이 놓인 점을 **중심**, 그리고 둥글게 그려진 선을 **둘레**라고 합니다. 또 중심과 둘레를 이은 선을 **반지름**, 반지름을 반대편 둘레까지 연결한 선을 **지름**이라고 부릅니다. 다양한 크기 원에 대해 둘레와 지름을 측정하면 (둘레) ÷ (지름) 값이 일정하다는 사실을 알 수 있습니다. 이 값을 **원주율**이라고 하며, **π(파이)**라고 씁니다. 왜냐하면 둘레를 표시하는 영어 periphery 첫 글자 'p'의 그리스문자가 'π'이기 때문입니다. 다시 한 번 식을 쓰면, 아래와 같습니다.

π = 둘레 ÷ 지름

즉 π는 **둘레의 길이가 지름의 몇 배인가를 나타내는 값**을 의미합니다. 또 많은 사람들이 π 값을 **3.14**로 기억하겠지만, 이는 어디까지나 **근삿값**이며, 실제 π 값은 '3.1415926…'으로 무한히 이어집니다.

《π의 본성과 역사》 저자인 윌리엄 L. 샤프William L. Sharpe는 'π만큼 인간에게 신비와 공상과 오해, 그리고 흥미를 불러일으킨 수학 기호는 없을 것이다'라고 말했습니다. 과장해서 말하면 '**π를 말하는 것은 곧 수학을 말하는 것과 같다**'라고도 할 수 있는 것입니다. 지금부터 이번 장 주인공 π, 그리고 그 신비와 공상 등을 알아보겠습니다.

원은 다양한 곳에 존재한다

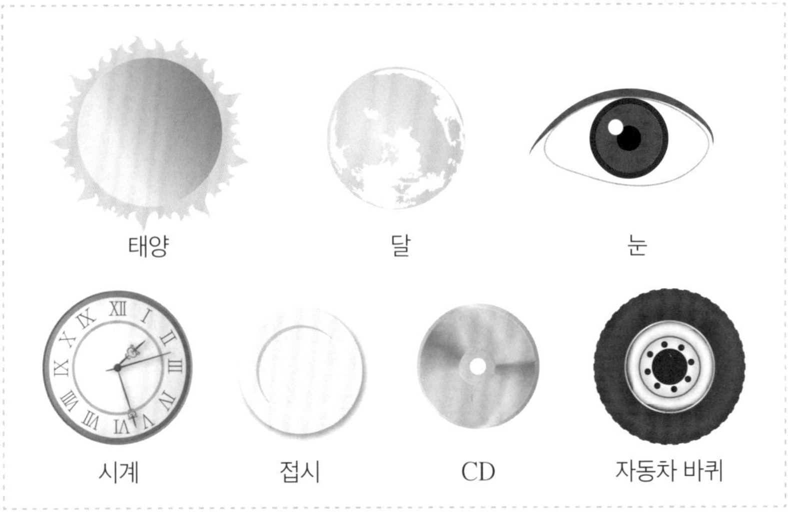

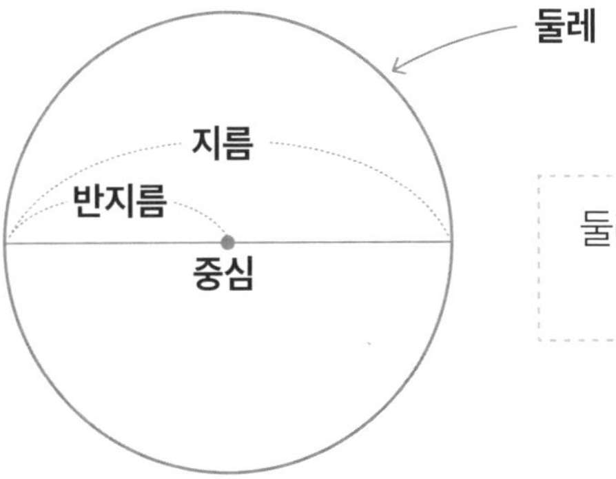

둘레와 지름의 비율이
원주율이다.

$$\pi = \text{원주율} = \frac{\text{둘레}}{\text{지름}} = \frac{\text{둘레}}{2 \times \text{반지름}}$$

둘레를 의미하는 'periphery' 첫 글자
'p'의 그리스 문자가 'π'이다.

7 2

3보다 조금 크다

원주율에 대한 최초의 기록

둘레와 지름의 비율, 즉 **π에 대한 최초 기록**은 약 4000년 전, 이집트 나일강 문명기로 거슬러 올라갑니다. 기원전부터 사람들은 이미 π를 주목했습니다. 하지만 이 시기에는 아직 원주율이라는 정확한 명칭이나 기호 π는 존재하지 않았습니다.

π라는 기호는 윌리엄 존스William Jones가 처음 썼으며, 이전 장에서 언급한 오일러 등이 18세기경 사용하기 시작하면서 널리 쓰이게 되었다고 합니다. 하지만 기원전 2000년경 바빌로니아인은 이미 원주율의 대략적인 값을 '3' 또는 '3과 $\frac{1}{8}$'이라고 생각했습니다. **과거 사람들은 원주율을 '3보다 약간 크다'고 생각**한 듯합니다. 그리고 그 이후 이집트인은 원주율 값을 $\pi = 4 \times \left(\frac{8}{9}\right)^2$으로 여겼다고 합니다. 이는 파피루스에 기록된 내용으로, 위를 계산하면

3.16049…

가 됩니다. 이 값은 오늘날 원주율 3.14159…에 꽤 근사한 값입니다.

그렇다면 사람들은 어떻게 원주율에 대해 생각하기 시작했을까요? 그 이유는 과거 나일강이 범람하여 홍수가 빈번하게 발생했기 때문입니다. 홍수로 인해 토지 경계를 알 수 없게 되는 사태가 빈발했습니다. 그래서 **토지를 측량하는 사람들**이 크게 활약했습니다. 그들은 토지에 말뚝을 세워 줄을 연결하고 그 줄 끝에 다른 나무막대를 연결했습니다. 오늘날 컴퍼스와 같은 도구를 만들어 모래 위에 원을 그린 것입니다. **이렇게 그린 원의 지름과 둘레를 비교하여 '둘레는 지름의 3배보다 조금 더 길다'라는 사실을 발견**한 것입니다.

원주율 발견

이집트

말뚝과 줄로 원을 그려 토지 경계를 정했다.

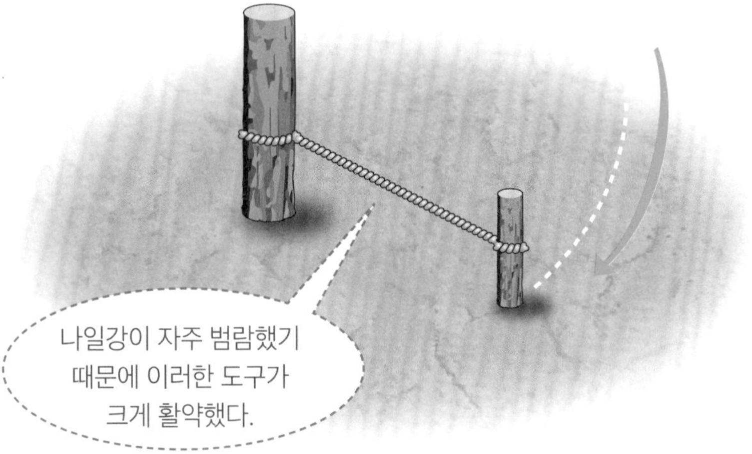

과거 원주율

- 기원전 2000년경 바빌로니아

$$3 + \frac{1}{8} = \frac{25}{8} \longrightarrow 3.125$$

- 그 후 이집트

$$4 \times \left(\frac{8}{9}\right)^2 \longrightarrow 3.16049\cdots$$

두 가지 모두 오늘날 π 값(3.14159…)에 꽤 근사한 값이다.

7 3

정다각형에 원을 맞추다

π값의 근사

기원전 2000년경인 이집트 문명으로부터 오랜 시간이 흘러 기록된 유클리드 《원론》에는 둘레와 지름의 비율이 상수라는 사실이 적혀 있습니다. 그러나 이 수치, 즉 π**에 대해서는 아무것도 해설하지 않습니다.** π값을 계통적으로 근사하는 방법을 고안하고 실행한 사람은 '부력의 원리'를 발견하고 나체로 욕조에서 뛰쳐나왔다고 전해지는 아르키메데스Archimedes, 기원전 287?~212? 였습니다.

π값은 **정다각형에 꼭 맞는 원을 그리면 근사한 값을 구할 수 있습니다.** 예를 들어 외접한 정육각형을 이용하여 계산하는 경우, **오른쪽 페이지**와 같이 원에 **내접**한 정육각형의 둘레 값으로 원 둘레보다 작은 값을 구하고, 마찬가지로 원에 **외접**한 정육각형 둘레 값을 통해 원 둘레보다 큰 값을 구합니다. 이러한 방법으로 원 둘레의 근삿값을 도출할 수 있습니다. 이 경우, 그림과 같이

$$3 < \pi < 3.464\cdots$$

를 얻을 수 있습니다. 정육각형 경우, 이집트 문명의 3.16049…와 비교하면 꽤 벗어나는 값이지만, 아르키메데스는 정육각형에서 정12각형, 정24각형으로 2배씩 늘려나가며 최종적으로 정96각형을 통해

$$3 + \frac{10}{71} = 3.1408\cdots < \pi < 3 + \frac{1}{7} = 3.1428\cdots$$

이라는 굉장히 정교하고 세밀한 값을 얻었습니다. 두 수의 평균값은 약 **3.1419**로 **실제** π**값과 오차가 1만분의 3 이하라는 매우 경이로운 정밀도**입니다.

아르키메데스의 π 근삿값 계산법

내접하는 정육각형 외접하는 정육각형

$$3 < \pi < 2\sqrt{3} = 3.464\cdots$$

2배

내접하는 정12각형 외접하는 정12각형

$$3\sqrt{2}(\sqrt{3} - 1) < \pi < 12(2 - \sqrt{3})$$

$3\sqrt{2}(\sqrt{3} - 1) = 3.105\cdots$, $12(2 - \sqrt{3}) = 3.215\cdots$

정96각형에서는

$$3 + \frac{10}{71} < \pi < 3 + \frac{1}{7}$$

$3 + \frac{10}{71} = 3.1408\cdots$, $3 + \frac{1}{7} = 3.1428\cdots$

정다각형에
원을 맞춘다.

7 4

소수점 100만 자리까지 정확하게 구하다

5세기 동양의 π 연구

7-2와 7-3에서 본 것처럼 이집트, 그리스 등 중동과 서양에서는 기원전이라는 매우 이른 시기부터 π 값을 계산했습니다. 그렇다면 **동양에서는 어떻게 π를 계산했을까요?**

기원전 중국에서는 계산에 '$\pi = 3$'을 사용했다고 합니다. 기원전 3세기에 아르키메데스가 도출한 결과에 비하면 약간 허술한 수치입니다. 2세기 초, 중국 황제의 신하였던 장형張衡, 78~139은

$$(\text{원 둘레})^2 \div (\text{원에 외접하는 정사각형 둘레})^2 = \frac{5}{8}$$

라는 기록을 남겼습니다. 지름이 1인 원의 경우, '$\frac{\pi^2}{16} = \frac{5}{8}$'가 되고, 계산에 따라 π 값은 $\sqrt{10}$, 약 3.162가 됩니다. 기원전에 사용한 '3'과 비교하면 정밀도가 높아졌지요.

5세기에는 송나라 조충지祖沖之, 429~500가 원에 내접하는 정24576각형을 활용하여 π를 약 '$\frac{355}{113}$(약 3.1415929)'라고 했습니다. 아르키메데스와 비슷한 방법으로 π 값을 도출한 것이지요. 조충지가 활용한 정24576각형은 아르키메데스 정96각형의 256(2의 8제곱)배입니다. **오늘날 알려진 π값과 비교해도 굉장히 근소한 오차**입니다. 5세기라는 이른 시기에 이러한 값을 얻었다는 점이 매우 놀랍습니다.

일본에서는 와산(일본 전통 수학 — 옮긴이) 학자 세키 다카카즈關 孝和, 1642?~1708가 아르키메데스와 유사한 발상으로 원에 내접한 **정131072각형** 둘레 길이를 구하여 약 3.14159265359라는 값을 얻었습니다.

중국에서는 π를 어떻게 연구했을까?

기원전	주로 $\pi = \boxed{3}$을 사용했다.
2세기	장형(78~139년) $\pi = \sqrt{10} = \boxed{3.1622\cdots}$
3세기	왕번(王蕃, 228~266년) $\pi = \frac{142}{45} = \boxed{3.1555\cdots}$ 유휘(劉徽, ? ~ ?) 아르키메데스의 방법(정3072각형) $\pi \fallingdotseq \boxed{3.1416}$
5세기	조충지(429~500년) 아르키메데스의 방법(정24576각형) $\pi \fallingdotseq \boxed{3.1415929}$

조충지 근삿값은 소수점 100만 자리까지 정확하다.

7 5 유한에서 무한으로

수학사 최초의 'π를 유도하는 공식'

지금까지 π 근삿값을 구하는 방법을 알아보았는데, **아르키메데스 방법을 끝까지 고수한 인물**이 네덜란드 수학자 뤼돌프 판 쾰런Ludolph van Ceulen, 1540~1610 입니다. 시대적으로는 7-4에서 소개한 일본 와산가 세키 다카카즈보다 조금 이른 시기 수학자이지요. 그는 원주율 계산에 수년을 투자했으며 정15×2^{31}각형 둘레를 계산해 π 값을 소수점 20자리까지 구했습니다. 그리고 최종적으로 정 2^{62}각형 둘레를 계산해 π 근삿값을 소수점 35자리까지 얻었습니다. 이런 그의 위대한 업적에 경의를 표하여 독일에서는 아직도 π를 **뤼돌프수**라고 부르기도 합니다. 하지만 아르키메데스와 같은 방법을 끝까지 고수하기에는 역시 한계가 느껴집니다. 100 m 육상 경기를 예로 들면 '9초대에서 약간 진보는 있지만, 1초대로 달릴 수 있는 선수가 나타나지 않는다'는 의미와 비슷합니다.

그런데 뤼돌프와 같은 시대에 100 m를 1초 만에 달린 것과 같은 돌파구가 발견되었습니다. 바로 **'아르키메데스 방법을 무한히 반복하여 수식으로 나타내면 어떨까?'**라는 아이디어입니다. 1593년 프랑스 수학자 프랑수아 비에트François Viète, 1540~1603는 π를 정확하게 표현하고 **수학 역사상 최초로 π를 유도하는 공식을 얻는 데 성공**했습니다. 공식은 오른쪽 페이지를 참고하기 바랍니다.

이는 **유한에서 무한으로의 엄청난 전환**처럼, 굉장히 파격적인 결과였습니다. 이 공식은 실제 π 계산에는 큰 도움이 되지 않은 듯 보이지만, 이후 존 월리스John Wallis, 1616~1703 등에 의해 π를 유도하는 다른 공식이 발견되는 등 흐름을 크게 변화시켰습니다.

근삿값 파

뤼돌프 판 쾰런
(1540~1610년)

정2^{62}각형

↓

π의 소수점 35자리까지 구했다.

VS.

공식 파

프랑수아 비에트
(1540~1603년)

$$\frac{2}{\pi} = \sqrt{\frac{1}{2}} \times \sqrt{\frac{1}{2} + \frac{1}{2}\sqrt{\frac{1}{2}}} \times \sqrt{\frac{1}{2} + \frac{1}{2}\sqrt{\frac{1}{2} + \frac{1}{2}\sqrt{\frac{1}{2}}}} \times \cdots$$

무한개 곱으로 표시한다.

'무한곱'이라고 불린다.

↑

무한곱 공식의 발견은 획기적이었으나,
실제 계산에는 그다지 도움이 되지 않았다.

7 6

무한곱 형태와 무한합 형태

π를 유도하는 다양한 공식

7-5에 나온 프랑수아 비에트 방법은 원주율 π의 최댓값과 최솟값을 구하는 아르키메데스 방법에 치우친 역사 속에서, **π를 유도하는 공식을 구하는 흐름**을 만들었습니다.

최초 공식은 비에트 저서 《수학의 제 문제·제8권》(1593)에 기록되어 있습니다. 이후 1655년, 앞에서 언급했듯이 존 월리스가 원 넓이를 구할 때 **무한히 작은 직사각형을 사용하는 매우 간단하고 아름다운 표현을 만들**었습니다. 월리스 공식은 제곱근이 없고 유리수만 있어 비에트 공식과 비교하면 훨씬 계산이 쉬웠습니다. 하지만 월리스 공식을 이용하여 π 근삿값을 유도하는 방식은 그다지 효율적이지 않았습니다. **π까지 수렴이 너무 오래 걸렸기 때문**입니다.

월리스 공식 이후 제임스 그레고리James Gregory, 1638~1675, 빌헬름 라이프니츠Wilhelm Leibniz, 1646~1716가 새로운 형태의 원주율 공식을 발견했습니다. 무한**곱** 형태였던 비에트나 월리스 공식과 달리 그레고리와 라이프니츠 공식은 무한**합**으로 표현되었습니다. 이에 따라 π로의 수렴은 더욱 오래 걸렸고, 3.14까지 구하는 데 300항의 합이 필요했습니다. 그 후 아이작 뉴턴Isaac Newton, 1642~1727, 존 마틴John Martin, 1680?~1751과 앞에 등장한 오일러 등이 다양한 π 공식을 발견했습니다.

π에 더 가까운 값을 발견하려는 시도는 **π의 새로운 공식 발견이라는 '감초제'**에 의하여 계속해서 시행되고 있습니다. 이에 대해서는 다음 절에서 계속 알아보겠습니다.

무한곱 형태

1593년 비에트

$$\frac{2}{\pi} = \sqrt{\frac{1}{2}} \times \sqrt{\frac{1}{2} + \frac{1}{2}\sqrt{\frac{1}{2}}} \times \sqrt{\frac{1}{2} + \frac{1}{2}\sqrt{\frac{1}{2} + \frac{1}{2}\sqrt{\frac{1}{2}}}} \times \cdots$$

1655년 월리스

$$\frac{\pi}{2} = \frac{2}{1} \times \frac{2}{3} \times \frac{4}{3} \times \frac{4}{5} \times \frac{6}{5} \times \frac{6}{7} \times \frac{8}{7} \times \cdots$$

무한합 형태

1670년대 그레고리와 라이프니츠

$$\frac{\pi}{4} = 1 - \frac{1}{3} + \frac{1}{5} - \frac{1}{7} + \frac{1}{9} - \frac{1}{11} \cdots$$

오일러

$$\frac{\pi^2}{12} = \frac{1}{1^2} - \frac{1}{2^2} + \frac{1}{3^2} - \frac{1}{4^2} + \frac{1}{5^2} \cdots$$

무한을 사용하면 여러 가지 식으로 π를 유도할 수 있다.

7 7 비약적으로 증가한 π 항수

사람에서 컴퓨터의 시대로

π에 대한 인간의 끊이지 않는 호기심은 왠지 무시무시한 암부暗部로 통하는 것 같은 본성마저 느껴집니다. 1706년, 이전 장에서 서술했던 마틴이 100항까지 구하고, 1824년 윌리엄 러더퍼드William Rutherford가 152항까지, 1847년 토마스 클라우젠Thomas Clausen이 248항까지, 그리고 1853년 다시 러더퍼드가 440항까지 구했습니다.

7-5 설명처럼 1610년 사망한 뤼돌프가 일생을 바쳐 도출한 π의 35항은 **이백수십 년**이 **지나 약 10배까지 늘어나**게 되었습니다.

그리고 1873년 윌리엄 섕크스William Shanks가 무려 π의 707항까지 구했습니다. 이는 당시에 굉장히 파격적인 기록으로 이후 70년 정도 깨지지 않았습니다. 그러나 1946년, 710항까지 계산한 D. F. 퍼거슨Ferguson이 섕크스 계산에 528항부터 오류가 있다는 사실을 발견했습니다. 그리고 다음 해 퍼거슨은 계산기를 이용해 π의 808항까지 계산했습니다.

1948년 인류 최초 컴퓨터인 ENIAC에니악의 등장은 π의 근삿값을 연구하는 사람들에게 엄청난 사건으로 다가왔습니다. 왜냐하면 1949년 라이트비스너Reitwiesner, 노이만Neumann, 메트로폴리스Metropolis가 ENIAC을 이용해 불과 70시간 만에 2037항까지 구한 것입니다. **이후 컴퓨터를 활용한 경쟁이 심화되어 π 항수는 비약적으로 증가**하게 되었습니다.

오늘날은 컴퓨터를 사용하면 π의 10만항 정도를 단지 몇 분 만에 계산할 수 있는 시대가 되었습니다. π의 근삿값을 구하는 로망 시대는 아쉽게도 이제 끝난 거지요.

π 근삿값 계산 경쟁

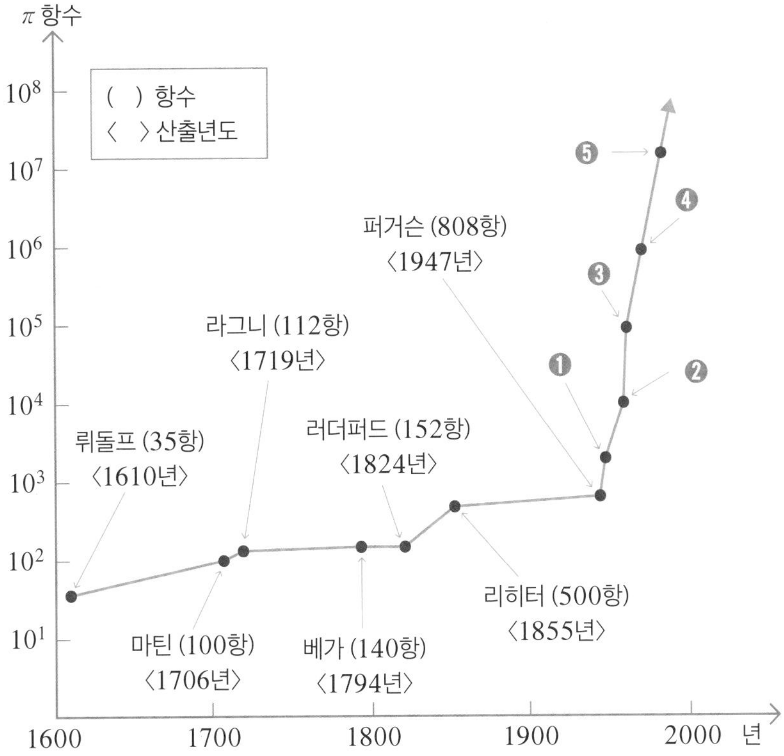

컴퓨터 등장 후

※ ❶~❺는 컴퓨터 이름

❶ ENIAC	2037항	1949년
❷ PEGASUS	7480항	1957년
❸ IBM 7090	100265항	1961년
❹ CDC 7600	약 100만항	1973년
❺ HITAC M-280H	약 1678만항	1983년

컴퓨터가 등장하면서 π 항수는 폭발적으로 증가했다.

7 8

무한하게 계속되는 수

분수로 나타낼 수 없는 무리수 π

7-1에서 π는 3.141592…로 끝없이 계속된다는 사실을 설명했습니다. 소수점 아래의 수가 무한하게 이어진다는 것은 순환하지 않는 무한소수라는 의미입니다. 즉 **π는 무리수**입니다. 따라서 과거 사람들이 분수로 나타낸 π는 유리수이기에, **어디까지나 π의 근삿값**입니다.

하지만 π라는 수는 존재할 뿐만 아니라 실수이기 때문에 수직선 위에 점으로 표시할 수 있습니다. π는 당연히 수직선 위에서 3과 4 사이에 위치하겠지요. π뿐만이 아니라 **분수로 나타낼 수 없는 수**가 존재한다는 것을 그리스인은 이미 기원전 300년경부터 알고 있었습니다. 아득히 먼 옛날, 이를 인지할 수 있었던 것은 당시 '한 변 길이가 1인 정사각형 대각선 길이를 어떻게 나타낼 것인가'에 대한 문제가 제기되었기 때문입니다. 오른쪽 그림에서 알 수 있듯 한 변이 1인 정사각형 대각선은 피타고라스 정리에 의해 '$\sqrt{2}$'가 됩니다. 1장에서 배웠듯,

$$\sqrt{2} = 1.4142\cdots$$

로 무리수이지요.

일반적으로 원주율 값을 '약 3.14'로 계산하지만, 목적에 따라 π값을 '약 3'으로 하는 경우도 있습니다. 이 경우 π를 근삿값의 근삿값으로 쓰고 있지만, 실제 π값은 3.141592…로 무한하다는 사실을 이해하고 있어야 합니다. '단순히 약 3이라고 이해하는 것'과 '무리수라고 제대로 이해하는 것'의 차이는 그야말로 **유한과 무한 차이만큼 중대**합니다.

● 'π'와 '$\sqrt{2}$'도 무리수

정사각형의 대각선

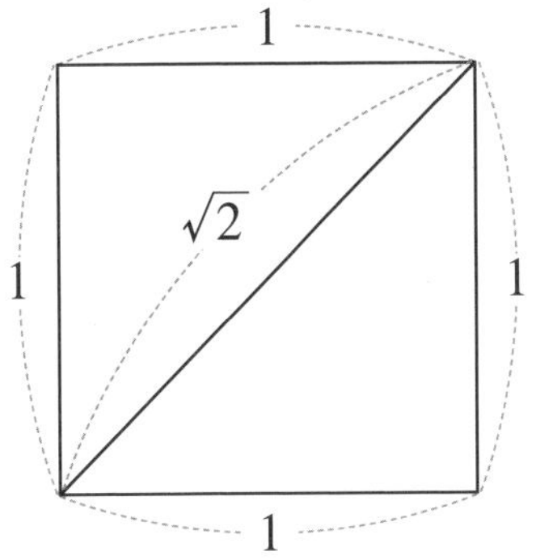

그리스인은
'한 변 길이가 1인
정사각형 대각선 길이를
어떻게 나타낼 것인가'
를 고민했다.

$\sqrt{2} = 1.41421356\cdots$

↓

분수로 나타낼 수 없다.

π값 (소수점 이하 100항까지)

3.1415926535
8979323846
2643383279
5028841971
6939937510
5820974944
5923078164
0628620899
8628034825
3421170679
…

전혀 순환하지 않아!

7-9

π를 사용하여 구하는

원에 관한 다양한 공식

π 값은 3.1415926535…로 당연히 오직 한 가지뿐이지만, **π를 사용한 다양한 공식**이 많아 여기에서 몇 가지를 소개하겠습니다. 먼저 π와는 떼려야 뗄 수 없는 관계인 원에 관하여 알아보겠습니다. 이제부터 원의 반지름을 r, 둘레를 L, 넓이를 S라고 하겠습니다.

먼저 7-1에도 등장한 π의 정의(π = 둘레 ÷ 지름)에 위 기호를 대입하면,

$$\pi = \frac{L}{2r}$$

이 됩니다. 이 식을 변형하면

$$L = 2\pi r \qquad \cdots\cdots①$$

이 되어, **원 둘레를 구하는 공식**을 간단하게 나타낼 수 있습니다.

다음으로 **원 넓이를 구하는 공식**입니다. 원 넓이 S는

$$S = \pi r^2 \qquad \cdots\cdots②$$

으로 나타낼 수 있습니다. 이는 원을 몇 개의 부채꼴 모양으로 잘라 **오른쪽 페이지**처럼 다시 배치하면 이해하기 쉽습니다. **부채꼴을 촘촘하게 자를수록 정렬한 도형은 직사각형에 더 가까워지므로** 원의 넓이 $= \dfrac{\text{반지름} \times \text{둘레}}{2}$로 구할 수 있습니다. 이 식에 ①을 대입하면 ②를 유도할 수 있습니다.

이외에도 구의 겉넓이($4\pi r^2$)과 부피$\left(\dfrac{4}{3}\pi r^3\right)$를 구하는 공식, 또 원뿔 겉넓이과 부피를 구하는 공식 등에서도 π를 빼놓을 수 없습니다.

◎ 원의 넓이를 고민하다

● **4등분**

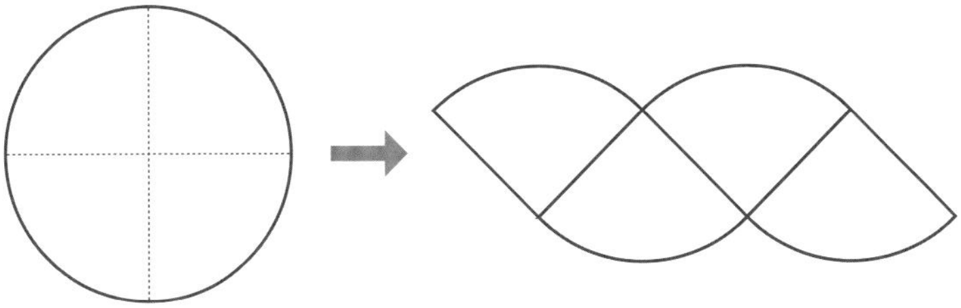

● **8등분**

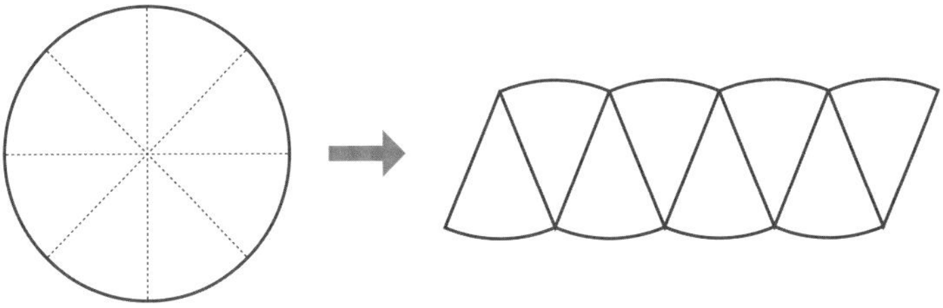

● ***n*등분**(n은 충분히 큰 수)

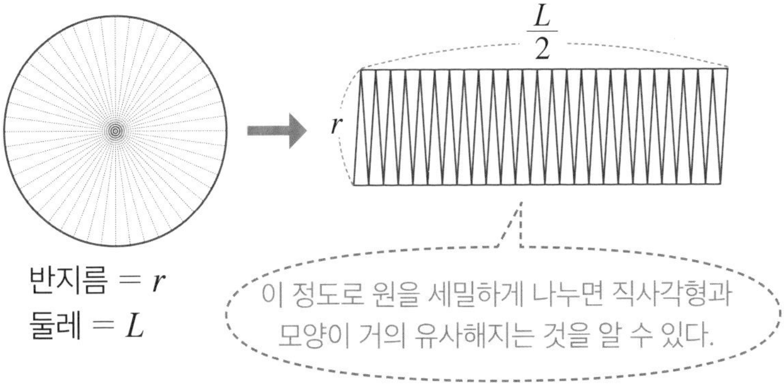

원의 넓이 $S = r \times \frac{L}{2} = r \times \frac{2\pi r}{2} = \pi r^2$

7 10

원과 똑같은 넓이의 정사각형을 그릴 수 있을까?

원적문제

이번에는 2000년보다 훨씬 전부터 이어진 난제로, 많은 수학자를 고민하게 만들었던 π를 둘러싼 문제에 관하여 알아보도록 하겠습니다.

[문제]
주어진 원과 넓이가 같은 정사각형을
자와 컴퍼스만을 사용하여 그리시오.

이를 **원적문제**라고 합니다. 이와 같은 작도는 생각한 도형의 모든 선분 길이가 정수를 계수로 가지는 다항식의 해가 될 때만 가능합니다. 이와 같은 다항식의 해는 **대수적 수**라고 합니다. 대수적 수의 구체적인 예로 $3x - 2 = 0$의 해인 '$x = \frac{2}{3}$'가 있습니다. 일반적으로 유리수는 모두 대수적 수입니다. 또한 $x^2 - 2 = 0$의 해는 $x = \pm\sqrt{2}$ 이기에 무리수도 대수적 수가 될 수 있습니다.

반대로 대수적 수가 아닌 수를 **초월수**라고 부릅니다. **π가 초월수라면 원적문제 해결은 불가능**해집니다. 1882년 독일 수학자 페르디난트 폰 린데만Ferdinand von Lindemann, 1852~1939이 π가 초월수라는 사실을 증명했습니다. 이 증명에 의해 2000년이라는 긴 시간 동안 미해결 문제였던 원적문제가 해결되었습니다. 최근 해결된 페르마 문제의 증명도 약 350년 정도 걸렸기 때문에 원적문제를 얼마나 오랫동안 해결하지 못했는지 알 수 있습니다. 원주율 π 이외에도 **자연로그의 밑으로 사용하는 e도 초월수로 유명**합니다.

π가 무리수라는 사실은 그보다 약 100년 전인 1761년, 스위스 수학자 요한 하인리히 람베르트Johann Heinrich Lambert, 1728~1777가 증명했습니다.

2000년 동안 풀지 못했던 '원적문제'

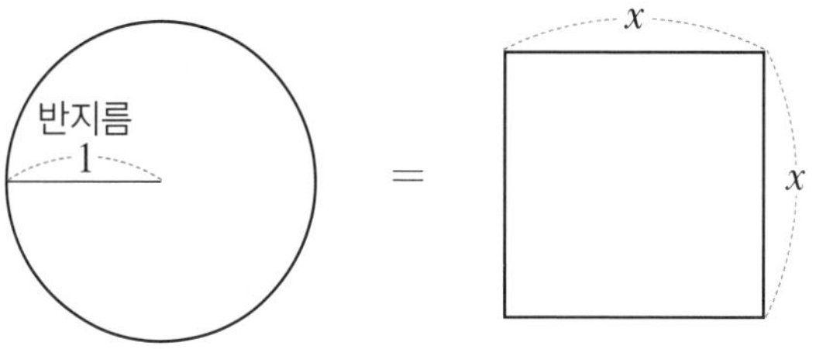

$\pi \times 1^2 = x^2$ 계산하면 $x = \sqrt{\pi}$

↑ 같은 넓이

π는 초월수 → $\sqrt{\pi}$도 초월수 → 작도는 불가능

실수	유리수	대수적 수	$-2, \frac{5}{8}, \cdots\cdots$
실수	무리수	대수적 수	$\sqrt{2}, -\sqrt{7}, \cdots\cdots$
실수	무리수	초월수	$\pi, e, \cdots\cdots$

1882년 린데만이 증명했다.

초월수는 간단하게 수로 표기할 수 없기 때문에 문자를 사용한다.
e는 8장에서 다룰 예정이다.

Column 7 온라인 정수열 사전OEIS

이 책에서는 지금까지 소수, 삼각수, 제곱수, 완전수 등 다양한 수를 다루었는데, 만약 알지 못하는 수열과 만났을 때 그 수열이 이미 연구되고 있는 수열인지, 아니면 미지의 수열인지 간단히 알아보는 방법이 있습니다.

바로 '**온라인 정수열 사전**(On-Line Encyclopedia of Integer Sequences)'(http://oeis.org/)이라는 수열의 각 항이 정수인 온라인 데이터베이스를 활용한 방법입니다. **30만 개를 뛰어넘는 수열의 정보**를 보유하고 있어(2021년 12월 시점), 세계 최대라고 할 수 있습니다. 게다가 매우 감사하게도 무료로 이용할 수 있습니다.

예를 들어 이 사이트 중앙에 있는 입력 화면에 소수 '2, 3, 5, 7'을 넣어봅니다. 그러면 순식간에 '2, 3, 5, 7, 11, 13, 17, 19, 23, 29, 31, 37, 41, 43, 47, 53, 59, 61, 67, 71, 73, 79, 83, 89, 97, 101, 103, 107, 109, 113, 127, 131, 137, 139, 149, 151, 157, 163, 167, 173, 179, 181, 191, 193, 197, 199, 211, 223, 227, 229, 233, 239, 241, 251, 257, 263, 269, 271'이 화면에 나타납니다. 게다가 관련 참고 문헌까지 보여줍니다. '11, 13, 17, 19'라는 소수열 중간부터 입력해도 동일하게 '2, 3, 5, 7, 11, 13, …'을 보여주는 꽤 유용한 사이트입니다.

여러분도 여러 가지 수열을 입력해보세요. 이 책에서 다룬 수열 최신 정보를 입수할 수 있을지도 모릅니다.

8

번거로운 계산을 간단하게 만드는 '로그'와 '지수'

마지막 8장에서는 지수와 로그를 설명합니다. 특히 큰 수를 곱셈과 나눗셈하는 번잡함을 덧셈과 뺄셈의 간편함으로 바꾼 발상을 자세하게 따라가 봅니다. 이를 이해하면 로그 탄생이 자연스럽다고 생각될 겁니다.

8 1

복잡한 계산을 간단하게 바꾼 발견

로그

이번 장에서는 지수와 로그에 대해 설명합니다. 시작하기 전, 아래 질문을 생각해봅시다.

> [질문]
> 우리가 일상생활에서 자주 사용하는 계산으로 덧셈과 곱셈이 있습니다.
> 무엇이 더 계산하기 간편할까요?

매우 대략적인 질문입니다만, **똑같이 2항인 수 계산이라면 당연히 덧셈이 곱셈보다 간단**하겠지요. 예를 들어 '12 + 13 = 25'라면 바로 암산이 가능하지만, '12 × 13 = 156'은 종이를 사용해 필산을 하거나 계산기를 사용하는 사람이 많지 않을까요? 이렇게 언뜻 보기에 당연하다고 생각되는 고찰이 매우 혁신적인 계산 방법을 만들었습니다. **로그** '발명가'라는 표현이 가장 어울리는 인물, 존 네이피어John Napier, 1550~1617가 서술한 다음 문장에 귀를 기울여봅시다.

> '큰 수의 곱셈과 나눗셈, …. 이것만큼 수학적으로 다루기 까다로워 계산하는 사람들을 괴롭히는 것은 없다고 생각하기 때문에, 나는 확실하고도 간단한 기술을 사용하여 이 고통을 제거할 수는 없을까 고민하기 시작했다.'
> 《경이적인 로그법칙의 구조》(1614)

네이피어는 큰 수 **곱셈을 덧셈**으로, 또 큰 수 **나눗셈을 뺄셈**으로 바꾸어 복잡한 계산을 간편하게 만들기 위해 로그를 도입한 것입니다.

로그 '발명가' 네이피어

존 네이피어
(1550~1617)

1550년 스코틀랜드 에든버러에서 출생했다.

↓

수도사가 되다.

↓

1593년 자신만의 종교관을 책으로 저술했다(여러 나라 언어로 번역되었으며, 21판까지 발간되었다).

↓

로그표 작성을 시작하다.

↓

1614년 《경이적인 로그법칙의 구조》를 발표한다.

로그의 목적

덧셈	곱셈
$12 + 13 = 25$	$12 \times 13 = 156$
‖	‖
간단	복잡

비교적 간단한 계산인 덧셈을 사용하여 까다로운 곱셈을 간편하게 하기 위해 로그가 탄생했다.

등비수열

이번에는 어째서 '곱셈보다 덧셈이 더 간단할까?'라는 질문의 답을 봅시다. 이를 알면 **로그를 이해하기 더 쉽기 때문**이지요. 먼저 다음 수열을 예로 들어보겠습니다.

1, 2, 4, 8, 16, 32, ⋯

이 수열에는 어떤 특별한 관계가 존재합니다. 혹시 찾으셨나요? 그렇습니다. 아래와 같이 **직전 수를 2배하면 그다음 수가 되는 것**입니다.

$1 \times 2 = 2$

$2 \times 2 = 4$

$4 \times 2 = 8$

$8 \times 2 = 16$

$16 \times 2 = 32$

$\vdots$

이러한 성질은 다음과 같이 바꾸어 말할 수 있습니다.

$$\frac{2}{1} = \frac{4}{2} = \frac{8}{4} = \frac{16}{8} = \frac{32}{16} = 2$$

즉, **직전 수와 그 다음 수의 비율이 언제나 일정한 수 나열**입니다. 위의 식은 비율이 '2'로 동일합니다.

이처럼 연속하는 두 수 비율이 똑같이 일정한 수의 나열을 **등비수열(기하수열)**이라고 하며, 비율은 특별히 **공비**라고 부릅니다. 위 예에서 공비는 '2'가 되는 것이지요.

등비수열

1, 2, 4, 8, 16, 32, 64, …

2배 2배 2배 2배 2배 2배

언제나 직전 수의 2배

항상 앞의 수 **상수배**가 되는 수열을

등비수열

이라고 부른다.

이 상수를

공비

라고 부른다.

위 수열에서 공비는 '2'이다.

8 3

곱셈, 덧셈이 되다

지수의 합

이번에는 '1, 2, 4, 8, 16, 32, …'라는 **공비가 2인 등비수열을 이루는 수들의 곱셈**을 알아봅시다. 예를 들어,

8×32

와 같은 곱셈식이 있습니다. 물론 답은

$8 \times 32 = 256$

이지만 곱셈을 직접 하지 않고 **덧셈으로 바꾸어 계산하는 방법**이 있습니다. 이것이 바로 로그를 도입한 네이피어 생각입니다. 즉 **지수를 사용해 '2의 제곱' 형태로 8과 32를 나타내는 것**입니다.

$8 = 2^3,\ 32 = 2^5$

이때, 2 우측 상단에 있는 작은 수, '3'과 '5'를 '지수'라고 합니다.

$8 \times 32 = 2^3 \times 2^5$

이므로 **거듭제곱 법칙**에 따라

$2^3 \times 2^5 = 2^8$

이라는 결과를 도출할 수 있습니다. 즉 '2를 세 번 곱한 수' × '2를 다섯 번 곱한 수'는 '2를 여덟 번 곱한 수와 같다'라는 의미입니다. 여기서 2의 지수에만 집중하면,

$\mathbf{3 + 5 = 8}$

이라는 덧셈에 불과하다는 사실을 알 수 있습니다. 이처럼 **'곱셈이 덧셈으로 변신한다'**는 것이 등비수열의 가장 중요한 핵심입니다.

● 지수를 사용하면 곱셈이 덧셈으로 바뀐다

공비가 '2'인 등비수열

1,	2,	4,	8,	16,	32,	64,	128,	256,	…
‖	‖	‖	‖	‖	‖	‖	‖	‖	
2^0	2^1	2^2	2^3	2^4	2^5	2^6	2^7	2^8	…

〈예〉 $8 \times 32 = 2^3 \times 2^5$

$$= \underbrace{(2 \times 2 \times 2)}_{\text{2를 세 번 곱한다}} \times \underbrace{(2 \times 2 \times 2 \times 2 \times 2)}_{\text{2를 다섯 번 곱한다}}$$

$$= \underbrace{2 \times 2 \times 2 \times 2 \times 2 \times 2 \times 2 \times 2}_{\text{2를 여덟 번 곱한다}}$$

$$= 2^8 = 256$$

실제 계산은 '지수끼리 덧셈'이다.

$$2^3 \times 2^5 = 2^{3+5} = 2^8$$

여기에서 곱셈은
덧셈이 된다.

8 4

나눗셈, 뺄셈이 되다

지수의 차

이제 이야기를 **나눗셈으로 확장**해봅시다. 등비수열 하나의 항에 또 하나의 항을 **곱하는** 계산을 보았는데, 이번에는 **나누는** 계산에 대해 알아보도록 하겠습니다.

$8 = 2^3, 32 = 2^5$

위의 식을 예로 들어보겠습니다.

$32 \div 8 = 2^5 \div 2^3$

으로, **거듭제곱 법칙**에 따라

$2^5 \div 2^3 = 2^2$

가 됩니다. 즉 '2를 다섯 번 곱한 수' ÷ '2를 세 번 곱한 수'는 '2를 두 번 곱한 수와 같다'라는 의미입니다. 2의 지수만 보면

$\mathbf{5 - 3 = 2}$

라는 **'뺄셈'** 계산에 불과합니다. **'나눗셈이 뺄셈으로 변신'**한 것이지요. 그리고 반대로

$8 \div 32 = 2^3 \div 2^5$

계산도 거듭제곱 법칙에 따라

$2^3 \div 2^5 = 2^{-2}$

가 된다는 것을 알 수 있습니다. 여기에서

$$2^{-2} = \left(\frac{1}{2}\right)^2$$

라는 사실도 확인해둡시다.

지수를 사용하면 나눗셈이 뺄셈으로 바뀐다

공비가 '2'인 등비수열

1,	2,	4,	8,	16,	32,	64,	128,	256,	⋯
‖	‖	‖	‖	‖	‖	‖	‖	‖	
2^0	2^1	2^2	2^3	2^4	2^5	2^6	2^7	2^8	⋯

〈예〉 $32 \div 8 = 2^5 \div 2^3$

$$= \frac{2 \times 2 \times \cancel{2} \times \cancel{2} \times \cancel{2}}{\cancel{2} \times \cancel{2} \times \cancel{2}}$$

$$= 2 \times 2$$

$$= 2^2$$

$$= 4$$

실제 계산은 '지수끼리 뺄셈'이다.

$$2^5 \div 2^3 = 2^{5-3} = 2^2$$

이번에는 나눗셈이
뺄셈으로 변한다.

8 5

‘동일한 비(등비)’와 ‘동일한 차(등차)’

지수법칙

지금까지 공비가 ‘2’인 수열을 보았는데, 임의의 공비 ‘a’를 생각하며 식을 정리해봅시다. 임의의 지수를 정수 m, n이라고 하면 아래와 같은 식이 성립합니다. 이를 **지수법칙**이라고 부릅니다.

$$a^m \times a^n = a^{m+n}$$

$$a^m \div a^n = a^{m-n}$$

※ 다만 ‘$a^0 = 1$’이라는 사실에 주의합니다.

이를 통해 등비수열에 나타나는 두 수는 곱셈은 덧셈으로, 나눗셈은 뺄셈으로 변하는 관계가 성립한다는 사실을 알 수 있습니다. 다시 말해 등비수열에 나타난 두 수의 곱셈과 나눗셈은 **지수에만 주목하면 지수의 수열에 나타난 두 수의 덧셈과 뺄셈으로 생각하면 되는 것입니다.**

$$\begin{array}{ccccccccccc} \cdots, & a^{-3}, & a^{-2}, & a^{-1}, & a^0, & a^1, & a^2, & a^3, & \cdots & & \cdots\cdots① \\ & \downarrow & \downarrow & \downarrow & \downarrow & \downarrow & \downarrow & \downarrow & & & \\ \cdots, & -3, & -2, & -1, & 0, & 1, & 2, & 3, & \cdots & & \cdots\cdots② \end{array}$$

위에서 ①은 등비수열이지만 ②는 연속하는 항의 차가 일정하기 때문에 **등차수열**이라고 부릅니다. 특히 그 차를 **공차**라고 부릅니다. ② 식에서 공차는 ‘1’이 됩니다.

이처럼 지수가 **정수**인 경우, 곱셈이 덧셈으로, 나눗셈이 뺄셈으로 대응된다는 사실은 1544년 독일 수학자 미하엘 슈티펠Michael Stifel이 저술한 《산술백과》에 언급되었습니다.

다음에는 **지금까지 정수에 한정되었던 지수 계산을 정수 외의 실수에서도 다루고자 했던 네이피어 발상**에 대해 알아보겠습니다.

지수법칙

$$a^m \times a^n = a^{m+n}$$
$$a^m \div a^n = a^{m-n}$$

위 법칙을 보면

'곱셈→덧셈'　　'나눗셈→뺄셈'

이 되는 것은 명백하다.

등비수열 속 등차수열

공비 a의 등비수열

$$\cdots, a^{-3}, a^{-2}, a^{-1}, a^0, a^1, a^2, a^3, \cdots$$

지수에만 주목하면

$$\cdots, -3, -2, -1, 0, 1, 2, 3, \cdots$$

등차수열을 얻을 수 있다.

8 6

모든 양의 실수를 밑의 거듭제곱으로 나타낼 수 있을까?

네이피어의 아이디어

네이피어는 이렇게 생각했습니다.

> '만약 모든 양의 실수를 어떤 주어진 수(앞으로 '밑'이라고 한다)의 거듭제곱으로 나타낸다면 양의 실수끼리 곱셈은 덧셈이 되고, 나눗셈은 뺄셈이 되기 때문에 계산이 간편해질 것이다.'

예를 들어 지금까지 내용에서 지수는

$\cdots, 2^{-3}, 2^{-2}, 2^{-1}, 2^{0}, 2^{1}, 2^{2}, 2^{3}, 2^{4}, \cdots$ ※ $2^{0} = 1$

와 같이 수직선 위에서 연속하지 않고 떨어져 있는 값에 이용할 수 있었지만, 모든 양의 실수에서 이용할 수는 없었습니다. 네이피어는 **'모든 양의 실수에 대해 지수를 활용해 더 간편하게 계산하는 방법은 없을까?'**를 고민했습니다.

이를 '2'의 거듭제곱에서 다시 한 번 생각해봅시다. 즉 **밑이 2인 경우**입니다.

예를 들어 **오른쪽 페이지**와 같이 2의 거듭제곱 표를 준비합니다. 2^{n}에서 $n = -3, \cdots, 10$입니다. 먼저 '8×64'를 계산하기 위하여 두 수에 대응하는 지수를 표에서 찾습니다.

두 수의 지수는 각각 '3'과 '6'이라는 사실을 알 수 있습니다. 지수의 세계에서 곱셈은 덧셈이 되기 때문에 '$3 + 6 = 9$'가 됩니다. 다시 지수가 '9'인 숫자를 표에서 찾으면 '512'이라는 결과를 얻을 수 있습니다.

● 2의 거듭제곱 표

$3+6=9$

n	-3	-2	-1	0	1	2	3	4	5	6	7	8	9	10
2^n	$\frac{1}{8}$	$\frac{1}{4}$	$\frac{1}{2}$	1	2	4	8	16	32	64	128	256	512	1024

〈예〉 $8 \times 64 = 2^3 \times 2^6$ …… ❶

$= 2^{3+6}$
$= 2^9$ } …… ❷

$= 512$ …… ❸

❶ 표에서 '8'과 '64'는 각각 '2^3'과 '2^6'이라는 사실을 알 수 있다.

❷ 지수 법칙에 따라 곱셈을 덧셈으로 바꾸어 계산한다.

❸ 표에서 '2^9'이 '512'임을 알 수 있다.

표를 3번 확인하면 '3 + 6 = 9'라는 간단한 작업으로 답을 도출할 수 있다.

8-7 밑이 '2'로 한정되어 있다면
실용적이지 않다

8-6 계산을 또 다른 경우로 생각해봅시다.

앞과 동일하게 **오른쪽 페이지**처럼 2의 거듭제곱 표를 준비합니다. 2^n의 $n = -3, \cdots, 10$입니다.

이번에는 '$\frac{1}{4} \times 64$'를 계산해보겠습니다.

8-6과 마찬가지로 '$\frac{1}{4}$'과 '64'에 해당하는 지수를 표에서 찾으면, 지수가 각각 '-2'와 '6'이라는 사실을 알 수 있습니다. 곱셈은 지수의 세계에서 덧셈이 되기 때문에 '$(-2) + 6 = 4$'가 되어, 이번에는 지수가 '4'인 숫자를 표에서 찾습니다. 그러면 결과가 '16'이라는 사실을 알 수 있습니다. 이 계산은 '$64 \div 4$'로 해도 동일합니다. 나눗셈은 지수 세계에서 뺄셈이 되기 때문에 '$6 - 2 = 4$'가 되어 당연히 '16'으로 동일한 값을 얻을 수 있습니다.

다음 예로 '4^3'을 계산해봅시다. 먼저 $4 = 2^2$이기에 4에 해당하는 지수 '2'를 구합니다. 지수 2를 세 번 더하면, 즉 2에 3을 곱하면 '6'이라는 값이 됩니다. 지수가 '6'인 숫자를 표에서 찾아 '64'라는 답을 도출할 수 있습니다.

이와 같은 계산은 편리하지만, 밑이 '2'로 한정되어 있기에 실용적이지는 않습니다. **실용적인 계산을 위해서는 실수를 계산할 수 있어야 하는데, 이를 네이피어가 성공**했습니다. 그렇다면 네이피어는 밑으로 어떤 수를 썼을까요? 그는 오랜 시행착오 끝에 무려 **'0.9999999'**라는 수로 결정했습니다. 즉 '$\mathbf{1 - 10^{-7}}$'인 것입니다.

그 이유는 다음에서 설명하겠습니다.

2의 거듭제곱 표

$(-2) + 6 = 4$

n	-3	-2	-1	0	1	2	3	4	5	6	7	8	9	10
2^n	$\frac{1}{8}$	$\frac{1}{4}$	$\frac{1}{2}$	1	2	4	8	16	32	64	128	256	512	1024

〈예〉

$$\begin{aligned}\frac{1}{4} \times 64 &= 2^{-2} \times 2^{6} \\ &= 2^{(-2)+6} \\ &= 2^{4} = 16\end{aligned} \qquad \begin{aligned}64 \div 4 &= 2^{6} \div 2^{2} \\ &= 2^{6-2} \\ &= 2^{4} = 16\end{aligned}$$

위 2의 거듭제곱 표에서 '3'과 '5'를 계산할 수 없다. 따라서

이는 실용적이지 않다.

여기에서 네이피어는
보다 많은 수를 계산할 수 있도록,

$$0.9999999^{n} = (1 - 10^{-7})^{n}$$

의 표를 만들었다.
그 이유는 다음 절에서 살펴본다.

8

1에 한없이 가까운 수가 좋은 이유

0.9999999

그렇다면 네이피어는 왜 '**0.9999999**', 즉 '**1 − 10^{-7}**'이라는 독특한 수를 선택했을까요?

네이피어는 놀랍게도 이전 절에서 소개했던 '2의 거듭제곱 표'에 대응한 **0.9999999의 거듭제곱 표**를 인생 20년을 바쳐 완성했습니다. 실제로 그가 작성한 표 첫 101개 항은,

$$10^7 = 10000000$$

으로 시작하여,

$$10^7(1 - 10^{-7})^2 = 9999999$$
$$10^7(1 - 10^{-7})^2 = 9999998$$

로 이어지고, 마지막은

$$10^7(1 - 10^{-7})^{100} = 9999900$$

으로 끝납니다.

좀 더 꼼꼼하게 살펴보면, 두 번째 수는 정확하게 '$10^7(1 - 10^{-7}) = 9999999.0000001$'이 되지만, 소수점 이하는 무시하고 있습니다. 네이피어가 $0.9999999 = 1 - 10^{-7}$이라는 수를 택한 이유는 위에서 다룬 세 가지 예에서 알 수 있듯, **'1'에 한없이 가까운 수가 거듭제곱표에서 미세하게 증감하고, 게다가 증감양의 변화를 한없이 작게 만들 수 있기 때문**입니다. 실제로 네이피어는 0.9999999를 이용해 엄청나게 큰 값의 정수를 나타내는 것에 성공했습니다.

$0.9999999 = 1 - 10^{-7}$ 거듭제곱 표

네이피어는 1594년부터 1614년까지 20년 동안
$0.9999999 = 1 - 10^{-7}$ 거듭제곱 표를 작성하는 데 투자해
10000000 이하 모든 정수를
'$10^7 \times (1 - 10^{-7})^n$' 형태로 표현하고자 했다.

- $0.9999999 = 1 - 10^{-7}$ 거듭제곱 표

$$10^7 \times (1 - 10^{-7})^0 = 10000000$$
$$10^7 \times (1 - 10^{-7})^1 = 9999999$$
$$10^7 \times (1 - 10^{-7})^2 = 9999998$$
$$10^7 \times (1 - 10^{-7})^3 = 9999997$$
$$\vdots$$

〈예〉 9999999×9999998

$$\fallingdotseq 10^7 \times (1 - 10^{-7})^1 \times 10^7 \times (1 - 10^{-7})^2$$
$$= 10^{14} \times (1 - 10^{-7})^{(1+2)}$$
$$= 10^{14} \times (1 - 10^{-7})^3$$
$$= 10^7 \times 9999997$$

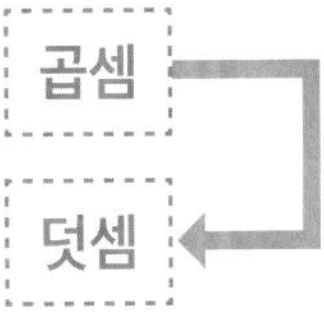

이는 대략적인 값이지만, 위 표를 이용하면
매우 간단하게 계산할 수 있다.

8 9

네이피어 로그와 정의가 다소 달라진

오늘날 로그

네이피어는 20년에 걸쳐 종이와 펜만으로 거듭제곱 표를 작성하는 대사업을 이루어냈습니다. 그리고 그는 각 거듭제곱 지수를 **로그**logarithm라고 불렀습니다. 로그란 비율을 뜻하는 logo와 숫자를 뜻하는 arithmos를 합하여 **비율을 나타내는 수**를 의미합니다. 즉,

$$N = 10^7(1 - 10^{-7})^L$$

일 때, 지수 L은 수 N의 (네이피어가 정의한) 로그입니다. 네이피어 정의는 오늘날 사용하는 로그와 의미가 약간 다릅니다. 오늘날 로그 정의는 a가 1 이외 양수라고 할 때

$$N = a^L$$

에서 **'지수 L은 a를 밑으로 하는 수 N의 로그'**라고 부릅니다. 이때 로그 L을 아래와 같은 기호로 나타냅니다.

$$L = \log_a N$$

'$\log_a N$'은 **'로그 에이(a)의 엔(N)'**이라고 읽습니다. '$a = 1$'인 경우를 제외하는 이유는 $a = 1$일 때 N은 '1'밖에 되지 않기 때문입니다. 또한 $N = a^L$과 $L = \log_a N$은 서로 역함수 관계입니다. 오늘날 사용하는 위와 같은 기법은 1728년 오일러에 의해 도입되었지만, 네이피어는 이보다 약 100년 전 로그의 본질적인 개념을 완성했습니다. 우리가 **밑으로 가장 많이 쓰는 수**는 두 가지가 있습니다. 하나는 '10'으로 **상용로그의 밑**이라고 부르며, 다른 하나는 'e'라는 수로, **자연로그의 밑**이라고 부릅니다.

네이피어 로그와 오늘날 로그

네이피어 로그

$N = 10^7(1 - 10^{-7})^L$

의 'L'이 로그이다.

- 곱셈의 대략적인 계산에는 유효하다.
- 그러나 근삿값을 사용하기 때문에 해석에는 부적절하다.

↓

밑의 일반화

↓

오늘날 로그

$N = a^L \ (a > 0, a \neq 1)$

L은 a를 밑으로 하는 N의 로그이다.

$L = \log_a N$

오늘날 로그에서 밑으로 자주 쓰는 수는
'10'과 다음 절에 등장할 'e'가 있다.

단리법과 복리법

자연로그의 밑 'e' ①

자연로그의 밑 e는 **2.71828…**이라는 복잡한 숫자지만, 수학에서는 상용로그보다 압도적으로 많이 사용됩니다. 그 이유를 설명하기 위해, 먼저 일상생활 금리를 예로 들어 'e가 어떤 수인지' 알아보도록 하겠습니다.

금리는 크게 **단리**와 **복리**로 나눌 수 있습니다. 먼저 원금 P원을 연이율 r(5%일 경우 $r = 0.05$)로 t년 맡겼을 경우, **단리법**에서 원리합계 S는(이자는 '$P \times r \times t$') 아래와 같이 얻을 수 있습니다.

$$S = P + Prt = P(1 + rt)$$

한편 원금 P원을 연이율 r로 t년 맡겼을 때, **복리법**에서 원리합계 S는 아래와 같이 나타냅니다. 이런 **복리법이 자연로그의 밑 e와 관련이 있는 것입니다.**

$$S = P(1 + r)^t$$

예를 들어 연 5%로 복리인 계좌에 원금 10만 원을 맡겼을 경우, 1년 후 잔고는 단리법과 동일하게 $S = 100,000(1 + 0.05)^1$로 계산하여 105,000원이 됩니다. 그다음 해는 105,000원을 원금으로 하기 때문에 2년 후에는

$$S = 100,000(1 + 0.05)^1(1 + 0.05) = 100,000(1 + 0.05)^2$$

가 되어 110,250원이 됩니다. 단리법으로 계산하면 110,000원이기 때문에 복리법에서 250원 더 이득을 얻게 됩니다. 동일하게 3년 후를 계산하면 복리법이 단리법보다 762.5원 더 이득이며, **시간이 갈수록 복리법이 더 유리**해집니다. 이 관계에 대해 다음 절에서 더 자세하게 알아보겠습니다.

● 단리법과 복리법

원금 P원, 연이율 r의 t년 후,

원리합계 S를 단리법과 복리법으로 계산하다.

	단리법	복리법
1년 후	$S = P + Pr$ $= P(1 + r)$	$S = P + Pr$ $= P(1 + r)$
2년 후	$S = P(1 + r) + Pr$ $= P(1 + 2r)$	$S = P(1 + r)(1 + r)$ $= P(1 + r)^2$
3년 후	$S = P(1 + 2r) + Pr$ $= P(1 + 3r)$	$S = P(1 + r)^2(1 + r)$ $= P(1 + r)^3$
↓	↓	↓
t년 후	$S = P(1 + rt)$	$S = P(1 + r)^t$

단리법은 등차수열, 복리법은 등비수열

자연로그의 밑 'e' ②

8-10에서 소개했듯 원금 P원을 연이율 r로 t년 맡겼을 때, 단리법과 복리법 원리합계 S를 각각 아래와 같이 구했습니다.

$S = P(1 + rt)$ …… 단리법

$S = P(1 + r)^t$ …… 복리법

8-10처럼 구체적으로 이자 $r = 0.05$라고 하면 단리법에서 원리합계는 매년 5,000원씩 증가하여 다음과 같은 **등차수열**을 얻을 수 있습니다.

100,000원, 105,000원, 110,000원, 115,000원, …

한편 복리법 원리합계는 공비가 1.05인 **등비수열**이 되어 원리합계는 다음과 같이 증가합니다.

100,000원, 105,000원, 110,250원, 115,762.5원, …

지수, 로그와 관련성이 높은 것은 등비수열이기 때문에, 복리법에 대해 조금 더 자세하게 살펴보겠습니다. 1년에 한 번이 아니라 '몇 차례 이자를 제공하는 은행' 경우를 생각해봅시다. 예를 들어 연이율 5%로 반년마다 복리일 때, 연이율 절반인 2.5%가 6개월마다 이자율이 됩니다. 이 경우 1년 후 원리합계가

$100{,}000 \times (1.025)^2 = 105{,}062.5$원

이 되어, **1년 복리보다 62.5원 더 이득**입니다. 또한 $\frac{1}{4}$년(3개월)마다 연이율 $\frac{1}{4}$인 1.25% 복리로 계산하면, 1년 후 원리합계는

$100{,}000 \times (1.0125)^4 \fallingdotseq 105{,}094.53$원

이 되어 **1년 복리보다 약 95원 이득**을 얻을 수 있습니다. 그렇다면 이러한 계산을 반복하면 언제까지나 이득을 얻을 수 있을까요?

◎ 수열과의 관계

단리법

$$P, \quad P + Pr, \quad P + 2Pr, \quad P + 3Pr, \quad \cdots$$

차 Pr 차 Pr 차 Pr 차 Pr

공차가 Pr인 **등차수열**이다.

복리법

$$P, \quad P(1 + r), \quad P(1 + r)^2, \quad P(1 + r)^3, \quad \cdots$$

$(1 + r)$배 $(1 + r)$배 $(1 + r)$배 $(1 + r)$배

공비가 $(1 + r)$인 **등비수열**이다.

지수와 로그는 등비수열과 관계가 깊기 때문에,
복리법을 다룰 때 빼놓을 수 없다.

8 12

이자를 받는 횟수를 늘리면 원리합계도 증가할까?

자연로그의 밑 'e' ③

8-11 계산을 일반화해 봅시다.

1년에 한 번이 아니라 이율 $\frac{r}{n}$로 n회인 복리를 계산하면, 원금이 P일 때 t년 후의 원리합계를 구하는 식은 아래와 같습니다.

$$P \times \left\{1 + \left(\frac{r}{n}\right)\right\}^{nt}$$

1년 후, 즉 $t = 1$인 경우 원리합계를 오른쪽 페이지에서 계산했습니다. 표 결과를 보면 **n이 커질수록 원리합계 차가 점점 줄어드는 것**처럼 보입니다. 이자를 수령하는 간격이 '1년' → '6개월' → '3개월' → '1개월' → '1주일' → '1일'로 짧아진다고 하더라도 **받을 수 있는 원리합계는 크게 증가하지 않는 것**입니다.

이해를 돕기 위해 P, r, t가 모두 '1'인 경우를 생각해봅시다.

식은 아래와 같습니다.

$$\left\{1 + \left(\frac{1}{n}\right)\right\}^{n}$$

이 식에서 n을 크게 한 경우 **오른쪽 페이지** 결과를 보면 n이 증가할수록 '2.71828…'에 가까워집니다. **무한대로 발산하지 않습니다. n이 커질수록 '2.71828…'에 수렴하는 것입니다.** 이에 대한 증명은 존재하지만, 이 책에서는 생략하겠습니다.

그리고 **이 극한값이 바로 자연로그의 밑이라고 부르는 'e'**입니다.

○ 이자를 받는 횟수를 늘리면 영원히 이득을 얻을 수 있을까?

● 원금 $P = 100{,}000$원, 이자율 $r = 0.05$일 때

이자를 수령하는 간격	n(회)	$\frac{r}{n}$	S(원)
1년	1	0.05	105,000
6개월	2	0.025	105,063
3개월	4	0.0125	105,095
1개월	12	0.0041667	105,116
1주일	52	0.0009615	105,125
1일	365	0.0001370	105,127

● 원금 $P = 1$, 이자율 $r = 1$, 연 $t = 1$의 경우

n	$\left(1 + \frac{1}{n}\right)^n$
1	2
2	2.25
3	2.37037
4	2.44141
5	2.48832
10	2.59374
100	2.70481
1000	2.71692
10000	2.71815
100000	2.71827
1000000	2.71828
↓	↓
∞	e

횟수 n을 아무리 크게 해도,
값 e에 가까워질 뿐이다.

8-13 지수함수와 로그함수의

미분적분과 밀접한 'e'

8-12에서 다룬 자연로그의 밑 e, **2.71828…**이라는 수는 지수함수와 로그함수를 미분하거나 적분할 때 자주 등장합니다. 적분과 미분을 활용할 수 있다면 다양한 해석이 가능하기 때문입니다.

해석학을 자주 쓰는 수학 세계에서는 상용로그보다 자연로그를 더 중요하게 여깁니다. 8-12에서 'n을 끝없이 크게 하여 어떤 공간을 잘게 나누다'라는 것은 사실 **미분적인 분석**이라고 할 수 있습니다. 이처럼 2.71828…은 지수·로그의 미분·적분과 밀접한 관련이 있습니다.

반면 2.71828…이 **무리수**라는 사실은 1737년 오일러가 증명했습니다. 무한하게 이어지기 때문에 소수로 전부 나타내지 못하며, 그래도 표기하고 싶다면 어딘가의 항을 생략하고 표기해야만 합니다. 하지만 2.71828…은 $\sqrt{2}$(1.41421356…)처럼 정수를 계수로 가지는 다항식의 해도 되지 않는 **초월수**이기 때문에 $\sqrt{\ }$와 같은 단순한 기호를 사용해 표기할 수도 없습니다.

$\sqrt{2}$는 $x^2 - 2 = 0$의 해이기 때문에, 무리수지만 **대수적 수**라고 부른다는 사실을 7장에서 설명했습니다. 참고로 7장에서 말한 **π도 초월수**입니다. 2.71828…도 매번 숫자를 길게 쓸 수 없기에 e이라고 표기하는 것입니다. e는 1731년 오일러가 골드바흐(3-11 참고)에게 편지를 보낸 이후 사용되고 있는데, 이는 오일러Euler의 첫 글자에서 따온 것이라고도 전해집니다.

미분과 적분에서 중요한 e

지수함수의 미분과 적분

〈예〉 10^x

10^x → 미분 → $10^x \times \log_e 10$

10^x → 적분 → $\dfrac{10^x}{\log_e 10}$

미분과 적분을 사용하여 지수함수를 해석하고자 할 때 e을 빼놓을 수 없다.

일반화하면

a^x를 미분하면 $a^x \times \log_e a$

a^x를 적분하면 $\dfrac{a^x}{\log_e a}$

$a = e$일 경우 $\log_e e = 1$이기 때문에

e^x를 미분하면 e^x

e^x를 적분하면 e^x

e^x는 '미분해도, 적분해도 변하지 않는다'라는 흥미로운 성질이 있다.

Column 8 샤를 에르미트의 한

자연로그의 밑 e가 초월수라는 사실을 증명한 사람은, 19세기 후반 여러 분야에서 뛰어난 업적을 남긴 프랑스 수학자 **샤를 에르미트** Charles Hermite, 1822~1901입니다. 이는 1873년 일이었습니다. 사람들은 그가 기세를 타고 'π는 초월수'를 증명하는 것도 시간문제라고 생각했습니다.

하지만 에르미트 본인은 'π 증명은 e 증명에 비해 매우 까다롭다'라고 느끼고 있었습니다.

그런데 에르미트가 'e는 초월수'를 증명하고 9년 후, 독일 수학자였던 린데만(7-10 참고)이 에르미트 방식에 따라 π가 초월수라는 사실을 밝히며 **2000년 이상 엄청난 난제였던 원적문제를 해결했습니다.** 이때 에르미트는 60세, 린데만은 그의 절반인 약 30세였습니다. 에르미트는 분명 안타깝고 억울했을 것이 틀림없습니다.

에르미트
사진: 위키피디아

1873년 에르미트가 'e는 초월수이다'라는 사실을 증명했다.

1882년 'π는 초월수이다' 증명은 린데만에게 선수를 빼앗겼다.